李计忠解《周易》系列

易界名家 独门首传

生活求品質 居家有講究

李计忠著

上册

團結出版社

UNITY PRESS

图书在版编目（ＣＩＰ）数据

生活求品质 居家有讲究：全2册 / 李计忠著. --
北京：团结出版社，2015.11
ISBN 978-7-5126-3931-7

Ⅰ．①生… Ⅱ．①李… Ⅲ．①生活－知识 Ⅳ.
①TS976.3

中国版本图书馆CIP数据核字(2015)第255867号

出　版：团结出版社
　　　　（北京市东城区东皇城根南街84号　邮编：100006）
电　话：（010）65228880　65244790
网　址：http://www.tjpress.com
E-mail：zb65244790@vip.163.com
经　销：全国新华书店
印　装：北京泽宇印刷有限公司

开　本：170mm×240mm　1/16
印　张：45.25
字　数：228千字
版　次：2016年3月　第1版
印　次：2016年3月　第1次印刷

书　号：978-7-5126-3931-7
定　价：98.00元（全2册）

前　言

　　住宅是人类养精蓄锐、繁衍生息的地方。

　　从古至今，人们都选择和营造藏风聚气、对人体身心健康有良好作用的居住环境。

　　家，是我们的幸福港湾，拥有一个温馨舒适的家，人们才能安居乐业，而家庭温馨与否和家居的外环境与内环境的好坏有关，也就是和环境吉凶有关。

　　无论是外环境还是内环境，有些是我们可以感知到的，有些是我们感知不到的。我们看到的、听到的、闻到的、触摸到的表象，可以对我们的身心产生直接影响，但还有我们只凭借眼、耳、鼻、舌、身无法感知到的一种力量存在，这种力量也可以对我们的身心产生影响。

　　这类无法感知到的力量，有一部分已经能由现代科学仪器探查到，比如变压器产生的电磁波、电信发射塔产生的发射波等。

　　还有一些是目前还无法探查到，但在风水理论当中，已经证实会对人产生重大影响的力量。比如居家某个方位的反弓路，会对该方位对应的人产生不利影响。一座住宅，如果被邻屋墙角冲射，被冲射方位与部位所代表的人物，会有伤灾、手术等事件发生。这种力量，很明显不是物体间通过直接碰撞所产生的物理作用力，也不是磁场，也不是电波。有些人用"磁场"来解释这种力量，这可能是对风水对人的作用力的一种错误理解。在中国传统文化中，这种风水力量的本质是"阴阳之力"、"五行之力"。

　　这种人体无法感知到的作用力，就像月球对地球的引力作用可以导致大海涨潮落潮一样，这种力量人类无法直接感知，只能通过已经发生的现象，反向推测这种力量的存在。以目前的科技水平而言，这种物质间的作用力用现代仪器也无法检测到，因为即使是万有引力也只是在物理学的公式推导中得到理论上的证实而已。

那么家居环境当中，和月球与地球的体积与质量相对比，小如尘埃的小区环境、住房环境的作用力就更难以让人们以数学公式的计算方式得到证明。但是，我们有其他的方式来证明，并且这种方式也是科学界普遍认可的方式。那就是人类研究现象与本质之间的关系时，不一定非要以亲身感知来证明，也不一定非要用计算公式形式来证明，还可以通过归纳法与演绎法得到公理性的结论。

古代地理环境学最初就是古人"仰观天文，俯察地理"，观察自然现象与山川环境对人的影响，从现象到本质，得出具有普遍性的公理，再由理论体现的本质推演现象吉凶，这样反复印证，历时数千年时间、一代又一代人反复考证传承，从而形成的较为成熟、较为系统的学科——地理环境学。

海水的涨落潮现象最能说明这种人们看不见的力量，也最能说明物体之间、事物之间既使不直接接触也存在着无形的作用力。

大海的潮汐主要是月球和太阳引潮力作用下所产生的周期性运动。因为月球离地球最近，所以月球的吸引力较大。海水在这种无形力量的作用下形成了潮汐现象。潮汐是有规律的，月亮绕地球一周是 24 小时 48 分钟，潮汐的周期也是 24 小时 48 分钟。一昼夜之间大部分海水有一次面向月球，一次背对月球，海水自然有两次涨落。

潮汐现象是月亮起主导作用，但也有太阳的影响。当月亮、地球和太阳形成直角时，由于月球和太阳的引潮力相互抵消了一部分，海面的涨落差距很小，这就是小潮；当太阳、月亮和地球处在一条直线上时，月亮的引潮力和太阳的引潮力叠加作用到地球，形成合力，引潮力大增，就会形成大潮。每年春分和秋分的季节，地球离太阳最近，加上月亮的力量，就形成特大潮。闻名于世的钱塘江大潮，就发生在秋分时节，每到涨潮时，海水会因月球与太阳的强大引力而形成滔天巨浪，惊险壮观。

说到这里，我们想一下，我们看得到这种引力吗？看不到。科学仪器能检测到这种引力吗？检测不到。那我们相信这种引力的存在吗？相信。

既然如此，那么我们周边的山川河流、道路楼房、家居内的家具摆放，以致不同方位的不同事物都会对我们人类的身心产生影响，这种影响对我们有好有坏，这就是我们所讲的地理环境学，也就是我们周边环境当中，各种事物对我们产生的吉凶影响。

对于我们身边的环境来说，周边的地势、道路、楼房，小区的环境，住宅

楼的环境、住房的室内环境，都是可以影响到我们的风水。

对于个人来说，能力有限，对于外环境，个人只能进行选择，而不能进行改造，所以个人了解一些环境学原则，有助于我们选择对自家有利的外环境格局。

对于居室的内环境，我们既可以选择，比如选择房型、户型、选择单元门或者住宅门的朝向、选择适合自己的房间方位，同时我们也可以在能力范围内做有限度的改造，比如房间的隔断、装修时厨房灶位的安排、卫浴间马桶的位置与污水流出的方位，或者房间整体装修的风格、色彩，家具材质与摆放位置、家居吉祥饰品的摆放等等。

在环境的影响力中，越大型的事物对我们的影响越大，比如近处的小山与河流，楼房与道路；另一点就是离我们越近的事物对我们的影响越大，比如我们的客厅、卧室、厨房、卫浴。

大的周边事物我们无法改造，但我们可以选择是否与之为邻，小的室内布置我们可以改造，改造成能旺起我们运势的吉祥环境。

在我们能改造的限度内，最重要的就是家居装修了，所以家居装修布局，是我们最能利用起来旺运的选择。

在如今这个张扬个性的时代，家庭装修早已不再是停留于仅仅满足使用功能的需要，而是在实用的基础上更加彰显出主人的艺术品位、审美情趣以及文化修养，设计应该力求运用无限的思维寻找与有限的空间产生共鸣，创造出完美的生活环境空间。

人因宅而立，宅因人而存，人宅相通，感应天地。

在居家环境中，不同的环境和事物会对人体产生不同的影响，如住宅的光线、风向、颜色、布局、装修布置等都会使人的情绪、健康产生变化。

家居空间包括独立空间与公共空间，独立空间如卧室、卫浴间等，公共空间如客厅、餐厅等，每个空间的布置对相应家庭成员的运势都有着比较大的影响，合理的布置能让自我空间得到尽情地演绎，运势也会因此提升。

说简单点，人的成功与幸福一要靠自己努力争取，二要靠好的环境来成就，两者相辅相成又互相转化，缺一不可。

居住环境关系着人的智能发挥、事业成败、财运机缘，更关系到每个人的家庭幸福、身体健康。

我们找到一个好的环境来居住，把居住环境布局得更科学、舒适，这是人

生大事。

　　家，不仅给我们一个栖息之地，当我们掌握了家居旺运的布局，家，更可以为我们创造一种幸福的生活方式。

　　本书围绕居家环境，从不同的角度出发，详细介绍了居家的选址、户型以及门窗、玄关、客厅、餐厅、厨房、卧室、儿童房、书房、卫浴间、阳台、过道、楼梯的装修、设计、布置要点，助您轻松设计出优美、舒适、健康的生活空间，营造出一个科学合理、安定静谧、温馨祥和的居家环境。

　　居家环境的设计，主要是对一定场所内的"气场"施加影响，利用大自然的力量，利用阴阳平衡来获得吉祥之气，从而促进健康，增强活力，旺财旺福。

　　本书还从财运、事业、健康、婚恋的角度，介绍如何布置居家环境才能提升家运，既包括环境布局的研究，也包括对居家设计详尽的诠释，而且还给我们提供关于如何获得更好生活的风水智慧。

　　全书以图文并茂的形式，从选址开始，到各个功能空间的划分、方位格局、色彩搭配、照明布置以及材料使用、装饰设计等多个方面向读者详细介绍家居风水装修与设计中的要点。文字表达通俗、易学、易懂，集知识性、实用性于一体，不但能为选房和买房的朋友指引方向，还能为准备装修的朋友提供有效的帮助，让大家布置出一个舒适、健康、家运兴旺的风水环境。

　　本书专业性的家居布局与装修知识，也会给室内设计专业人员提供有效的帮助。

　　在本书写作的过程当中，我的弟子赵奎杰为本书内容的策划、编辑、图文解说等方面做了大量工作，黄光耀为本书的文字校对，陈丹为封面设计，在此一并表示感谢。

　　最后，衷心祝愿所有朋友在生活中注重对"仁、义、礼、智、信"的培养，善待家人、朋友、同事，这也是风水内容极为重要的一部分，结善缘、种善因，就会有更多机会住上真正的"福宅"，拥有健康的身体以及更多的机会、更好的运气，享受幸福人生。

李计忠

2015 年 9 月

目 录

生活求品质　居家有讲究

第一章　学一点家居布局必备的知识

地理环境学源于《易经》，是中国的传统文化，经过历代先贤千百年的实践、总结、传承。已经成为一门理论完备、经得起实践检验的学科。

地理环境学由峦头与理气两部分组成。

在家居布局中，峦头就是家居外环境与内环境的形势格局，理气就是五行、八卦、二十四山的生克作用。

当代地理环境学的研究与实践比以往取得了更多的成果，命理、卦理与风水的结合，使家居布局能够更有效地为人们开运、旺运。

我们掌握一些环境学中最基础、最核心的知识，对我们租房、买房、装修、美化家居环境，并通过家居布局促进健康、兴盛事业、增旺财运、和谐家庭都将起到非常有益的作用。

第一节　环境学中的"阴阳"

一、什么是阴阳

"阴阳"一词是中国古代先贤们对自然界万物本源的一种认识。

阴阳，是古人在漫长的生存时间当中，通过对自然界、对生命、对人类本身的观察与体悟，"仰以观天文、俯以察地理"，取类比象，将自然界当中各种对立而又相互联系的现象抽象出来而进行的概括，是一种对事物构成本源的描述。

天为阳、地为阴；光为阳，暗为阴；水为阳，山为阴；动为阳、静

为阴；上为阳，下为阴；男为阳，女为阴；等等。

　　这种把不同事物的本质抽象出来的方法，是中国传统文化《易经》当中的取象类比法。

　　可以说，"阴阳"二字，概括了宇宙间万事万物的本质，所以，在传统的中国文化当中，"阴阳"是万物的本源。

　　《易经》"一阴一阳谓之道"，《道德经》"万物负阴而抱阳"，这都是古人对事物本质的认识。

　　从哲学范畴来说，阴阳代表构成事物存在的最基本的单位。

　　人类的存在与生息就以男女为一对基本单位，男为阳，女为阴，其中任何一方消失，另一方也会消亡，而人类本身也将不复存在。用现代哲学的话来说，事物的存在就是矛盾的对立与统一。

　　（太极图。

　　太极图代表事物构成的最基本单位是阴与阳。

　　阴阳的对立与统一构成了事物的存在状态。

　　"独阴不生、孤阳不长"，说明阴阳双方是共存的，一方的存在必定

以另一方的存在为前提，如果任何一方消亡，那么另一方也将消亡，事物也将不复存在。）

　　总之，阴阳首先是自然界存在的两种对立统一的能量，形成具有对立统一性质的两种粒子，这种具有对立统一性质的两种能量和粒子是促使自然界包括人类的生、长、收、藏变化规律的首要条件。

　　中华先圣们通过上观天文、下察地理，对自然阴阳的观测、总结、归纳、提炼而形成易学，并通过对易学阴阳的发挥应用于医学、军事学、哲学和预测学等诸多领域，为我们后代子孙留下了一笔宝贵的财富。

（陕西旬阳县地理山水景观。
自然界造化奇妙，水转山环，构成天然的阴阳太极图。）

（四川阆中地理风水图。

山环水抱构成天然阴阳太极图。）

二、环境中的阴阳

1. 山与水

在风水当中，阴阳是如何运用的呢？

静者为阴，动者为阳。

山脉是静止的，所以山脉为阴；水是流动的，所以流水为阳；这就是山与水的阴阳关系。

（阴阳与山水的关系。

　阴主静，阳主动。

　静止的山脉为阴，流动的河水为阳。）

　　我们形容好风水时有一句经常听到的话，"山环水抱"，其实指的就是山与水阴阳相交，雌雄相配。

　　阴阳相交，雌雄相配，就像孕育生命一样，孕育出生旺的风水气场。

　　山龙来脉主贵气，水龙来脉主财富。山水相依，富贵双全。

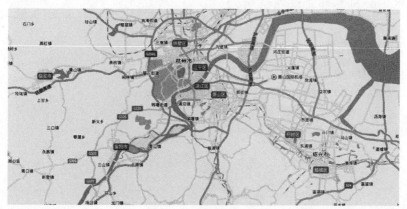

（杭州市区图，可以看到江水从西南而来，半环抱城市，而后转折入海。）

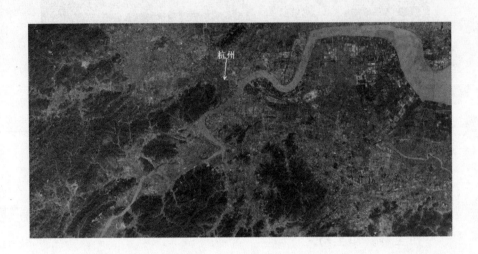

（杭州山水卫星云图。

江水沿山谷前行，至平原地带，曲折前行，而后入海。

在山脉落止处被半环抱的一块平原地带就是杭州。

杭州自古以来就是富庶之地。

前任中国首富娃哈哈集团宗庆后与现任中国首富阿里巴巴集团马云，他们公司总部都设在杭州。）

2. 前后左右

前为阳，后为阴。

左为阳，右为阴。

（住宅前为阳、后为阴；左为阳、或右为阴。）

对于一座住宅来说，阴阳与前后左右的对应有什么意义呢？

在风水学当中，无论是最基础的阴阳，还是我们后面要讲到的五行、八卦、二十四山，以至于专业风水师掌握的更高级、更复杂的风水知识，它们方位的划分与确定，都关乎风水师对一座住宅吉凶，以及吉凶会发生在哪些方面的推断。

比如阳为男，阴为女，又因为左为阳，右为阴，那么一座住宅，左侧的风水形势就会对家中男子的运势吉凶产生影响，右侧的风水形势就会对家中女人的运势吉凶产生影响。

（站在阳台上，可以看到左侧前方被其他楼宇的尖角冲射。在风水中，尖角冲射的煞气会引发家人发生伤灾，比如刀伤、手术等。左侧为阳，主家中男子，左侧被尖角煞冲射，家中男子最易发生伤灾或开刀手术之类的事情。在这种房子里住得越久，伤灾发生的概率越大。）

（反弓路相冲。弓弧就像一把拉满的弓箭，也像一把挥出的砍刀，弓箭射向哪里，砍刀砍到哪里，哪里就被煞气击中，形成败运风水，主伤灾、败财。这个一楼被反弓的铺面，谁接手后谁生意赔钱。因为反弓在铺面左前方，左方为阳，为男子，所以主男子在此做生意赔钱。有趣的是，租此店做生意的都是男老板，赔钱后转让下一家还是男老板。）

3. 地势高低

在风水学中，有一句专业风水师用来判断地势高低的口诀："高一寸为山，低一寸为水。"

这句话是风水师看风水、择地建房、进行风水布局的秘诀之一。

风水口诀有"山管人丁水管财"。

有山作为依靠，则人丁兴旺、子孙满堂、身体健康、多遇贵人相助。

有水环抱围绕，则财源茂盛、生活富足、妻贤子孝。

所以一处楼盘、一处住宅，地势的高低情况对风水吉凶影响非常大。

对普通人来说，很容易认为高处为阳，低处为阴，这样的看法只是平常的看法。

　　对专业风水师来说，高处是山，山为阴，主静、主稳，是靠山，所以地势的高处为山为阴；低处为水，不管有没有真水，低处性质就像是山间的峡谷一样，下雨天水会流向低处，并在低处汇聚，所以低处是聚水、取气之处，所以低处属水属阳，主管财运。

　　这样一讲，大家就明白了，在专业风水师的眼中，无处不是山与水。

　　我们周边的环境，不论是在乡村还是城市，不论是在山区还是平原，不论是在室内还是室外，只要理解了"高一寸为山，低一寸为水"的相对原则，所有的事物都可以变通为山与水，变通为阴与阳。

　　（山间的河流。山为静为阴，水为动为阳。水在峡谷中流动，从地势高处流向低处。水的流向反映了地势的高低。）

（平原的河流。平原没有山，但"高一寸为山，低一寸为水"，水由地势高处流向低处，从而使阴阳得辨，山水分明。）

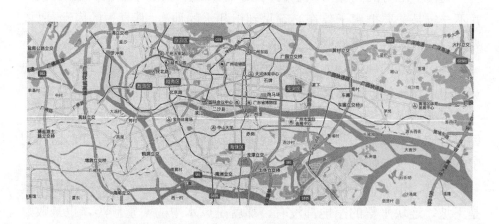

（广州市区图。珠江水从西北方向穿过城市，流向东南而入海。从水的流向，就可以知道山脉的行止，就知道地势的高低。广州建城以白云山为来脉靠山，山止之处就是平原地带，也是随山而来的江水汇聚之处。）

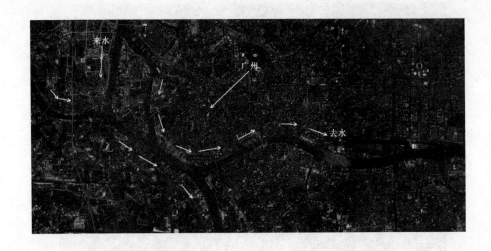

　　（广州卫星云图。山脉止处，众水汇聚，环抱广州城区。山环水抱之势。）

　　明白了地势的高低与风水的关系，就知道，风水学中的"依山傍水"并不一定是非要把房子建在必须见到山和水的地方，其真正的内涵是"依高处、向低处"，"因地制宜"。

　　有山有水的地方，如果符合风水原则自然是最好的居住地，但在现实当中，这种地方都被富人占据了，普通人是不可能得到的。

　　对普通人来说，选择地势平整的地方，地势平整的小区最为重要。如果有明显的高低，那么，房后的地势要高，房前的地势要低，这样到了下雨天，这样的地势自然使水流顺利排出，不致于积涝成灾。

　　当然，虽然说后高前低是建房的原则，但如果房子前方一出大门就是下坡，连块平整的空地都没有，那就是风水中的明堂倾泻，也是败财的风水，原因是门前不聚水、不聚气，所以就不聚财了。门前有块平地，让水流停蓄一下，然后再流出，这样才能聚住财气。

（这座楼房建在了地势低洼处，一到雨天就积水，如果遇到暴雨就被水淹了，造成财产损失。所以这个房子明显违背了建房时"后高前低、明堂平整"的风水原则，是个败财的风水。我们在买房、开店时，对地势要留意察看才行。）

4．气流动静

气流就是风。

在风水中，气流以舒缓为吉，以急冲直来为凶。

动者为阳，静者为阴，气流和缓就是阴阳平衡，就是吉祥的风水气场。

所以，如果楼盘或住宅挤在一处，不通风，则阴气重；如果四面旷荡，或者有大路直冲、巷道直冲，就形成阳煞之气，就是我们所说的枪煞、天斩煞之类。

（巷道直冲家门，是非常不利的风水。因为大门是气口，门前是聚财的地方，如果巷路直冲而来，气流过急，则形成煞气，不但不能聚财，还会散财、破财，家人易有伤病，家运衰微，兴旺不起来。）

（巷路直冲门前，而且门前是路转弯的地方，形成反弓路，车辆经过时形成急速的气流，不聚财，不利家运。这种现象，在没有合理规划的城中村最为常见。）

（房间正对面是两栋楼之间的狭窄空隙，这就是天斩煞。天斩煞形成急速冲击的气流，多主意外灾祸。要避免买入这样的房子。）

（房屋或小区如果有围墙，围出一个相对独立的空间，并且有较宽敞的明堂，既避免四面无依的旷荡，又形成气流舒缓的气场，能聚气、聚财。）

5. 光线明暗

明亮为阳，昏暗为阴。

家居中的光线以采光充分适度为宜，过于强烈的阳光，或者过于昏暗的光线，都是不利的风水。

阳过则亢燥，阴过则衰靡，都不利家人的身心健康。

（充足的光线会使家运朝气蓬勃，家人身心愉悦。）

（房屋的间距狭小，会使房间采光不足，光线昏暗，阴气重，对家人身心健康不利，也会使家运长期处于衰微的境地。）

6. 寒暖燥湿

寒者为阴，燥者为阳。

湿者为阴，暖者为阳。

住宅以干爽、温暖为宜，而寒湿为忌。

寒湿的住宅与房间，既代表房主人走霉运、衰运，也代表身体健康出了问题。

高水平的风水师，在看到家居中的霉湿墙体，可以根据方位与八卦知识，大体推断出家里是什么人出现了生病或破财的情况。

比如西北乾卦位出现在墙体渗漏，说明乾卦代表的家中男主人或家中的父亲不但工作受挫，而且家中的丈夫也会有一时难以治好的疾病。

再比如，客厅沙发后面的靠背墙出现了潮湿渗水，说明这一家在事业或生意上处于衰运期，倒霉的事一件接着一件，或者遇到难处也找不到人帮忙。

（房子棚顶渗水发霉，说明家中人头部生了疾病，常有不适，看了很多医生也治不好。）

（卧室墙下面渗水发霉，房子的女主人生皮肤病，还有妇科疾病，久治不愈，反复发作。这就是住宅对人体的风水感应所致。重新对墙体内外做了防水处理，粉刷一新之后，墙体渗水问题得以解决，不久之后，皮肤和妇科也在不知不觉中恢复正常了。）

风水学讲究"天人感应"，"人宅合一"，所以如果房子出现了问题，如果是已购买的房，要及时维修，以免影响到自身健康与气运。如果是租住房，发现这种问题，要及时搬到状况良好的房子内居住。

（洗手间的排水关乎人体泌尿系统的健康，也感应人们生活、工作中的挫折与困难能否顺利解决。如果洗手间管道经常堵塞或者长期漏水，时间一久，家人的泌尿生殖功能会变得衰弱，生活中不顺利的事情明显增多。）

第二节　堪舆师必须学会的"四象诀"

四象是指中国传统文化当中的四大神兽：朱雀、玄武、青龙、白虎。

（四象合一图。
"前朱雀、后玄武、左青龙、右白虎。"
"南朱雀、北玄武、东青龙、西白虎。"）

在风水学的应用当中，四象诀是非常基础、非常简单，但也是非常重要的风水形势判断方法，是每一个风水师入门的必修之课。

虽然是入门基础，但是，每一个风水师为任何类型的风水进行勘察时，都离不开四象诀。

一、四象代表四个方位

1. 前后左右

四象代表"前、后、左、右"四个方位，就是以"我"为中心时，我们周围的四个方位。

四象是指：前朱雀、后玄武，左青龙、右白虎。

这是风水学中，用中国传统文化当中的四位神兽来代表"前后左右"四个方位。

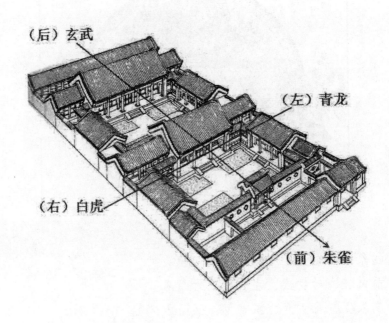

（四合院。中国风水建筑的典型，完全按照四象原则建造。）

2. 南北东西

建房时，如果住房坐北朝南，就形成前方是南方，后方是北方，左方是东方，右方是西方；在这种情况下，南方朱雀属火、北方玄武属水、东方青龙属木、西方白虎属水，中央自然是皇极位，五行属土。

在实际的风水运用中，地势高低变化无常，建房时肯定要因地制宜。

如果一块用来建房的地，它的西面是高坡，而东面平坦，那么建房时，把西面高坡作为"靠山"，把东面平地作为"明堂"，房子坐西朝东必定是最佳选择，也是符合风水原则的选择，因为这样符合建房"后高前低"的原则。这样建出来的房子，前朱雀是东方，后玄武是西方，左青龙是北方，右白虎是南方。

（北京紫禁城。坐北朝南。北方以景山为来龙入首之处，所以正北方的景山是紫禁城的玄武靠山。人工挖掘的金水河围抱全城，与景山形成山环水抱之势。故宫紫禁城是中国风水建筑的典范。）

二、如何用"四象诀"分析环境吉凶？

1. "玄武"（后面的靠山）

（玄武。

玄武图腾有点像乌龟和蛇的结合体。

在中国古代，帝王的陵墓中都有它，并且让它背上驮着为帝王歌功颂德的石碑，这象征国家的稳定。）

在风水的应用中，大到都城选址，中到村镇、工厂、企业、酒店、小区选址，小到自家建房选址，或者买房、租房选择小区楼盘，在这个时候，我们用风水看什么？

就看要建房的这块地，或者要居住的这座楼的周边情况，看他的"前、后、左、右"的情况，也就是分析"前朱雀、后玄武、左青龙、右白虎"的情况。

这是风水分析的第一个重要步骤。不论是大风水师还是普通风水师，都离不开这个最基础、也是最重要的步骤。

首先从"后玄武"看起。

玄武的方位就是住宅的背后，这个方位如果有气势高大的山脉或建筑物，那么住宅就依附着后面的山脉或建筑作为靠山。按照天人合一的感应，环境中有什么，就会在生活中感应到什么。玄武靠山代表贵人的帮助，社会和经济的保障，财产的稳定。

如果住宅的背后出现了低矮的小建筑、杂乱的建筑，或池溏、洼地、停车场等地形，那么居住在这个宅子里的人就会在生活中没有依靠、身心不安、事业动荡、有小人暗中破坏、或财产流失等不利的事情发生。

总之，我们住宅的建房地块应该平整开阔，周边的地势应该是前低后高，左高右低，这是最佳的风水地形。

（A商厦坐落在某市海秀中路繁华商业街。

见图标箭头所示，后方玄武位被几座废旧厂房和两栋住宅楼以侧面冲射。

玄武靠山被冲射，主失贵，事业动荡不安。

实际乐普生商厦在十余年间官司不断，生意越来越差，无法正常经营。整体转让后，因为玄武位冲射的问题得不到解决，所以接手的商家也是官司缠身、生意冷清。造成这种情况的原因，就是最初这块地没有正确规划，地块不同位置分属不同单位，各自为政，各盖各的，没有整体规划与风水意识，结果各自的楼建好后互相冲射，互相妨碍，最终结果对谁都不利。）

2、"朱雀"（前面的明堂与案朝）

（朱雀。

朱雀有点像中国神话传说中凤凰的形象。

传说凤凰是在火中出生，因此朱雀具有火的含义。）

住宅前方的空间位置叫做朱雀位。

合乎风水原则的朱雀位格局应该是：在住宅前方，与住宅紧邻的空间，应该有一块平整的空地作为明堂，用来聚气；明堂之外应有较小的建筑物为关拦（比如草地的围栏、花坛等），用来锁聚明堂之气不外泄，

这种建筑物叫做案山；案山之外的空间叫做外明堂（比如自家院子外面的大道），外明堂之处有较高的建筑物关拦锁住堂气，这种远处的建筑物就叫做朝山。

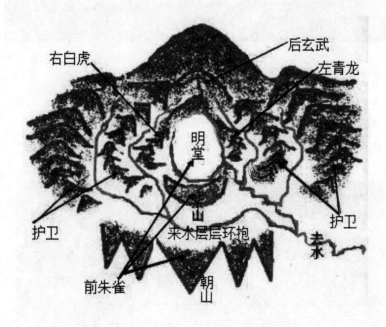

（这是一幅标准的地理环境风水图。

阳宅风水与地理风水一脉相承，风水术最精要的知识都是来自地理风水。）

（中国人民银行总行俯视效果图。

楼是山，路是水。

朱雀方空地与道路是明堂，路对面办公楼成为案山、朝山。

这是合乎风水原则的精典案例。）

（这是中国人民银行总行。

楼前朱雀方的空地成为明堂，马路对面的高楼形成案山、朝山。

楼形左右环抱，形成青龙与白虎护卫中央的形态。

完全符合地理风水"山环水抱"的吉祥富贵格局。）

对住宅来说，如果近处有明堂、有案山、远处有外明堂、有朝山，使朱雀位（前方）的视野看上去较为开阔，而且前方的建筑物由低到高，使住宅的前方既有宽阔的视野，又建筑围住聚气而使气场不散，这样，朱雀方就合乎了风水原则。

合乎了风水原则的朱雀方，有明堂聚财，有案山与朝山锁住财气不散，就会令事业与财富兴旺发达。

如果住宅前方没有空地，也就是没有明堂，那么就没有聚财的地方，发不了财。

如果前方有空地，但空地旷荡无收，则财气四散，也聚不成财，做生意会破财，办公厂会倒闭，开酒店没人来住。

如果住宅前方的建筑物过于高大，并在近处给自家以压迫感，就会形成"朱雀欺主"的风水。生活中遇到别人的欺压，常常受气，生活在压抑之中。

如果是公司老板，遇到明堂狭小或朱雀逼压的风水，会造成事业进展受挫。明堂代表一个人的心胸与战略眼光，明堂狭小说明老板的心胸、气度、格局不够大，不能人尽其才、物尽其用，而且没有生意与投资眼光，造成财运不好；然后被朱雀方压迫，导致自身错误的决策引发职员的反感，无法调动职员的向心力与积极性；再者，朱雀方的案山与朝山也代表与客户之间的关系，所以也会因为产品或服务质量不好，引起客户的不满，严重的给自己带来官司牢狱。

现在城市中高楼大厦前都设计一个广场或停车场，这就叫明堂，是聚人气的地方，也是聚财气的地方。

风水称"水聚明堂富千家"，就是说住宅前如果有空地、草坪、公园、停车场等，远方再有其他的建筑物或小山脉隐隐与自己相照应，这样的风水格局非常有利于所居之人的财运，也利于自身能处理好与各方的人际关系，事业兴旺发达。

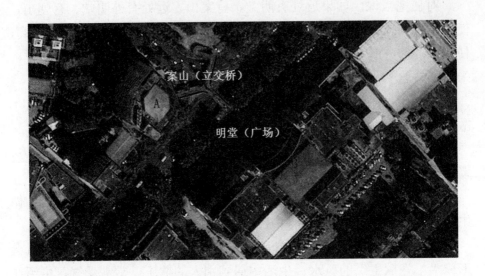

（图中 A 商场是乐普生商场，玄武靠山位被废厂房冲射，所以经营者得不到有力的支持，还总被小人与杂事暗算，所以官司缠身；朱雀明堂位被大马路直接割脚，结果没有明堂聚财，说明产品定位不正确，生意不景气。

图中 B 商场是明珠广场，玄武后方是停车场，停车场后面是排列整齐的一排楼房作为靠山，玄武靠山整齐，合乎风水原则，所以事业稳固；整栋楼形成半环抱之势，前方有宽敞的广场聚集人气，广场前方有公交车站聚人气，再前方有过街天桥为案山，案山朝拜，说明客户、老百姓喜欢到自己的商场买东西，自身产品定位与服务使客户满意，所以财源滚滚而来，生意非常兴旺，成为海口重要的商业中心。）

3. 青龙（左边的护卫）

（青龙。

龙是中华民族的图腾，身似长蛇、麒麟首、鲤鱼尾、面有长须、犄角似鹿、鹰爪、相貌威武。）

青龙位在住宅的左前方，白虎位在住宅的右前方。

青龙与白虎，从左右两侧环抱明堂，起到护卫住宅的作用。

青龙位在左侧，属阳；在人物上对应家中男子；在事业上对应权力。

在城市当中，如果自家住宅楼的左侧有其形态良好的楼宇，就能成为自家楼宇的护卫，有利于家中男子事业的发展。

如果住宅左方位出现了空缺，严重的出现了破损的建筑、或地势坑洼，就意味着风水对家中男子产生不利，男人事业受挫，懦弱而不上进，运气差。

青龙位如果正好位于东方位，东方属木，如果风水形势不好，形成风水煞气，还容易引起肝胆疾病，尤其是家中男子容易得较重的肝胆病。

（星级商务酒店都很重视风水，常用的楼形都设计成左右环抱，龙虎齐备的形态。

龙虎齐备，护住明堂，才能聚财，才能形成与各方良好的业务关系。）

青龙位与白虎位的房子，位于自家住宅的两侧，它们形状整齐，高度与自家楼房平齐或低于自家楼房，才为吉形。

青龙方的高度要与白虎方平齐、或者青龙方稍稍高于白虎方，这样谓之龙强虎弱，是吉祥格局。

如果龙、虎高度高于主楼，会使主人受到压迫，工作、事业会经常受到压力。

4. 白虎（右边的护卫）

（白虎。

位于住宅右侧方位为白虎方。

白虎为凶神，所以白虎方位的建筑要低伏，而不能高大逼压主宅。）

住宅的右方，风水学称为白虎位，白虎是凶神，代表疾病，刑伤，意外的灾害。

所以白虎位的建筑物一定要比自家的楼宇要低矮，这样的风水才平安吉祥；如果白虎方建筑高大，超过主建筑，对主宅形成压迫之势，叫做"白虎抬头"，主白虎煞气起作用，主凶灾。

因为白虎为凶神，宜降伏为吉，所以住宅的右侧有道路为好，因为道路为水，相当于河流，风水学称为"隔河望虎"，是白虎位的最佳风水格局。

　　白虎又代表财富，风水中讲"山管人丁水管财"，住宅在白虎方位上出现河流，池塘，或空地，外有小山脉，则财源广进。

　　对于住宅两侧的龙、虎建筑，龙、虎两者的高度平齐最佳，夫妻恩爱；龙高虎低，差距过大者，必定妻子辛苦，不利女人，家中女人运气差；龙低虎高，差距过大者，家中女人强势，不利男主人，男子懦弱无成，没有事业，如果虎高而成煞，更主凶丧死亡之灾。

　　如果白虎方形煞高大冲射主楼，主意外伤亡之灾。

　　如果虎方高于龙方，谓之白虎抬头，轻者不利婚姻，女强男弱，重者家中出伤灾、伤亡。

　　以上四灵兽诀的用法，都是风水形法派别当中的精华所在，是风水师现场看风水、断风水吉凶必定要用到的方法，也是进行风水改造时要遵从的重要原则。

　　（这是某市海甸四东路的一处别墅小区临街房。

　　临街的几栋别墅都被改成商业店面出租。但此处对面正临反弓路，主生意破财，而且左右两侧都是办公大楼，龙虎齐压，主没有客源，承受巨大压力。

　　以四象诀来看，朱雀路反弓，龙虎高楼齐压，必是败财风水。

　　实际此处近十年来经营酒吧、饭店、售票、茶店、个人医疗、红木

家具、足底保健、少儿培训中心、音乐教室，等等，每一个租店经营的人都以经营失败告终。）

第三节　环境中的五行

五行学说认为宇宙万物，都由"木、火、土、金、水"五种基本物质的运动和变化所构成。自然界各种事物和现象的发展、变化，都是这五种不同的条件不断运动和相互作用的结果。

五行学说强调整体概念，描绘了事物的结构关系和运动形式。

一、五行生克

1. 五行

五行是指：木、火、土、金、水。

（五行生克关系图。最外一圈，木、火、土、金、水，连续相生。内圈木、土、水、火、金连续相克。）

2．五行生克

五行相生：木生火，火生土，土生金，金生水，水生木。

五行相克：木克土，土克水，水克火，火克金，金克木。

二、如何运用"五行特性与方位"布局风水？

木，具有生发、条达的特性，属东方。

火，具有炎热、向上的特性，属南方。

土，具有长养、化育的特性，属中央。

金，具有清静、收杀的特性，属西方。

水，具有寒冷、向下的特性，属北方。

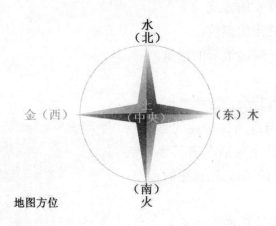

（五行与方位对应图。按地图方位相对应：上北、下南、左西、右东。按此图方位与五行的关系，就可以知道，在中国地图上，北方属水、东方属木、南方属火、西方属金。）

在风水中，风水师以方位来调整、平衡人的五行。

以我们自家住宅为中心，北方位属水，向北则水气变旺；东方位属

木，向东则木气变旺；南方位属火，向南则火气变旺；西方位属金，向西则金气变旺。

所以在我们需要的方位开门、向需要的方位迁移，到需要的方位工作，这些都是用风水来提升运气的重要方法。

五行与方位的对应，是风水布局的要诀之一。

三、形状的五行属性对环境吉凶的影响

在家居风水当中，我们把楼宇、房屋当做"山"，把道路当做"水"。房屋的不同形状，使房屋自身具有不同的五行属性。

木形：高而直的建筑。

火形：顶部三角尖状的建筑。

土形：方而厚实的建筑。

金形：外观圆形的建筑。

水形：外观呈现波浪形的建筑。

房屋的形状五行会产生两类影响。

一类是我们自身所住房屋的形状五行；一类是我们住宅前后左右其他建筑的形状五行对我们产生的风水影响。

（木形。高而直的木形建筑。

过于高的建筑容易形成四面孤立无援的风水格局，并不适合做家居。但如果在距离适当的情况下，有形状秀美的木形建筑出现在自家远处成为朝山，或在青龙方位的远处高耸，与主房遥相照应，会为自家带来事业运，更主家中男子事业兴旺。）

（火形。顶部成三角尖形的建筑。

　　火形房屋过于燥烈，如果在后方玄武靠山位，则家人易有牢狱之灾。若在朱雀方为案山或朝山，与主房相应，形状秀美，可为文笔峰，主出文艺人才，又主家中女性会有成就，如果家中有二女儿，那二女儿会特别出息。）

（从客户客厅中看出去，对面楼房形成楼角冲射。

这是火形煞的一种。

2012年的时候，笔者到这位曾经有过数千万身家的客户家中看风水，见此形煞，直断女主人2005年离婚、破财。客户反馈完全正确。）

（飞檐成三角形，尖角冲射到的房屋被煞气影响。

火形煞的三角，无论是墙角、楼角、檐角，只要是对自家房屋形成了视野内的冲射，都是风水中较为严重的煞气，往往引发伤残之灾，或开刀手术之类的重病。）

（香港中银大厦楼形象一把三棱刀，刀锋所向之处就是煞气所到之

处。

　　如图就是中银大厦一侧刀锋劈向右侧的汇丰银行大厦，而汇丰大厦在楼顶建了两座炮台用以抵挡与反击这种风水煞气。）

（汇丰银行近景图。

楼顶上架设的两座炮台，用以对抗中银大厦棱形刀锋的劈砍。）

（土形。方而厚实的建筑。

土形为稳固之象。并且在地理风水当中，土形如正方形、长方形、上窄下宽的梯形等低矮的土形，是常被作为财库来用的。

比如土形建筑如果为案山，则可以起到很好的锁住内明堂财气的作用；而且土形建筑如果位于河流流出的方位，可以起到令河流转环而出的作用，使来去水缓而曲，符合曲水过堂旺财的效果。

所以做案山的、或者在河边、道路边的土形建筑，可以看做自家的财库。而如果做玄武靠山的话，土形建筑起码要比自身的建筑高一些，高大的土形建筑做靠山，主家运稳固、富贵双全。）

四、颜色的五行属性对环境吉凶的影响

1．颜色对人的影响

现代科学认为，色彩对人的视觉产生影响，而视觉神经把这种影响传递到大脑，进而对人的情绪、行为产生影响，而人的行为综合作用的结果，就会产生一系列的因果关系，从而导致运势的吉凶。

在自然欣赏、社会活动方面，色彩在客观上是对人们的一种刺激和象征；在主观上又是一种反应与行为。

色彩对人的影响从视觉开始，从知觉、感情而到记忆、思想、意志、象征等，其反应与变化是极为复杂的。色彩的应用，很重视这种因果关系，即由对色彩的经验积累而变成对色彩的心理规范，当受到什么刺激后能产生什么反应，就是由色彩到心理再到行为而导致吉凶结果的过程。

在风水学中，颜色可以用五行来分类，而不同的色彩以不同的五行属性对人产生作用，从而导致运势的吉凶。

在实践当中，我们发现，色彩五行对人类的影响，只是诸多对人类心理与行为产生影响的因素之一，并不是全部，但色彩确实对人运程的吉凶是产生了影响的，并且会在某些特殊情况下，对人的吉凶影响产生决定性的影响。

比如一个人在悲观的时候，灰暗的色调与环境会加重这种心理状态，严重的甚至会把人引向绝境，这就是色彩的负面效果，也就是风水学当

中所说的煞气。

当某种颜色对我们产生积极向上的、明快的、轻松的、愉快的诱导时，这种颜色是我们的喜神，当某种颜色令我们产生过度的、狂暴的，或者消极的、悲观的诱导时，这种颜色是我们的忌神。

另外，一种颜色的好坏、吉凶，与这种颜色本身没有关系，而与具体的人与这种颜色接触时所形成的心理作用有关系。这也是一种自身与外界相互作用的关系，是一种颜色力量的作用，是一种五行力量的作用。

一望无际的绿色草原，可以让人产生心境开阔的感受，从而产生积极向上的动力，但也可以让另一个人产生天地之大，而自身渺小，孤伶伶无所依靠的悲观。这是境由心生。

虽然境由心生，但外界的色彩也会从正反两面对人产生影响。心情郁闷时如果看到一片绿色或看到蔚蓝的大海，会让人心胸开阔，有效舒缓人的压力；心情烦躁时，如果再遇到色彩浓烈的环境，会加重人烦躁的程度，诱发人走向颠狂状态。

2. 五行与颜色

木五行——绿色系

火五行——红色系

土五行——黄色系

金五行——白色系

水五行——黑色系

五行	木	火	土	金	水
形状 颜色 特性	平和 健康 成长	热辣 征服 暴力	温暖 信任 权威	纯洁 锐利 肃杀	隐藏 灵活 庄严
	希望 坚强	神秘 权威 威伤	宽容 稳重 成熟	成功 淡雅	冷静 理性 忧虑

（五行与颜色、形状、特性的对应关系图）

3. 色彩五行在风水中的应用

色彩五行风水，其实就是我们"衣、食、住、行"的各个方面对色彩的选择与运用。

比如一位姑娘，通过八字命理分析或者通过六爻预测，发现自身木五行欠缺，要补充木五行的力量才能让她的运势更好一些。

那怎么具体的方法是什么呢？可以通过在衣、食、住、行这些方面的色彩的五行来实现。

穿着绿色、淡绿色的衬衫、裙子，或者搭配绿色系的饰品，就可以增加木五行的力量。

（绿色木五行的服装风水。淡绿色长裙的清新、高贵、典雅。）

（绿色木五行的服装风水。绿色短袖 T 恤配绿底花短裙，青春、活泼、可爱、阳光。）

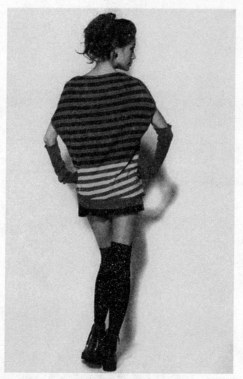

（绿色＋黑色——水木两五行相生。绿色的清新与活泼，黑色的神秘与性感，两种五行相生色彩的合理搭配，可以补充水木两种五行的能量。）

多吃绿色的蔬菜或水果，也可以增加木五行的能量。

（木五行的食物，绿色的蔬菜。木五行弱的人，一定要多吃绿色蔬菜才能补充旺运的生命气息。）

在住的方面，家居装修，以绿色系列为色彩搭配的主要色调，可以在家具、窗帘、床单等颜色上突出绿色的清新。

（木五行装修。淡淡的绿色，清新而雅致。）

在家居吉祥物、吉祥饰品的选择方面，可以选择绿色观赏植物与花卉作为家居环境美化的主攻方面，选择兔（卯木）、猫（寅木），作为提升自身运势的吉祥物，选择木制的、木雕类的饰品。

（木五行家居绿色观赏植物风水布局。对于特别需要木五行来旺运的人来说，在家里专门布置一个小小花园是非常必要的，阳光与生命的气息能提升家人的运气。）

在出行方面，可以多到东方方向出行，可以休闲时间多安排去植物茂盛的公园或草地；在工作选择方面，应该选择木五行方面的行业，这比选择其他五行的行业更能利于自己才能的发挥；在衣、食、住、行等方面的这些有目的的选择，可以很有效地提高我们的运势，这就是五行在风水当中的综合应用。

每一种色彩系列，在现实中都是千变万化的。

就拿绿色来说，绿色是由青色+黄色而得到的颜色，而再加入少许黑、灰、白之后，绿色的种类就更是数不尽的多姿多彩了。

找到最能帮助我们的五行色彩，然后选择这一色系中自己最喜欢的颜色，来尽情搭配我们的生活吧。

上面讲的是木五行以及色彩中的绿色系在风水中的运用方法，其他诸如火、土、金、水，都是依此原理应用。

这种五行在家居风水中的应用，是专业风水师调理家居环境时必须掌握、也是必须应用的、能有效提升运势的方法。而且这种风水布局的方法，是自然而然的，可以融入到生活中的方方面面，于无形之中发挥有形的力量，提升我们的运势。

五、材质的五行属性对环境吉凶的影响

我们生活中所有的事物，都可以用五行属性来归类。

1. 木五行，以木材为原料制做的事物，都属于木五行。植物、花卉、木制房屋、家具、木雕、书本、纸张、布料、衣服、文化单位、出版社等等。生肖中的寅虎、卯兔。

　　（木五行过弱了吗？在办公桌旁摆上一盆绿叶植物，马上就能增加木五行的力量。空间太小？那就在桌上摆几本常看的书吧。）

　　2、火五行，与火、电、化工等有关的事物，都属于火五行。阳光、火焰、灯光、电线、变压器、化工厂、加油站、冶炼厂、烧烤摊等等。生肖中的巳蛇、午马。

（如果命理火五行过弱为病，知道什么火能对我们提供最有效的旺运帮助吗？

是阳光和温度。

所以一定要居住在朝阳的房子里。南方位有窗户，洒入室内的阳光就是最好的火五行。如果背阳朝阴，光线昏暗，那就用大度数的灯光让满室光明吧。

另外，温暖的室内温度也是一种火五行，所以北方的家庭一定要安装暖气，南方没有暖气的情况下，冬季可以在室内安放电暖气或电热扇。

阳光是丙火，灯光是丁火，暖气与电热扇散发出的热量也是丁火。）

（午马。

木雕的红色奔马。

木雕为木五行，马为午火，红色为火；所以用红木、桃木、檀木、花犁木等上好木材雕刻的红马，在五行上木火相生，具有很强的午火能量。

如果能摆放在南方午火位，更能使午火的力量倍增。

正确地使用这一风水吉祥物，可以对事业、财运起到非常大的旺运效果。）

（烟囱。从环境学来说，烟囱周围空气污染严重，是雾霾的重要原因。

强烈的火煞，具有强烈的心脏病、血管疾病、癌症等重大疾病的诱导作用。

出现在离方，对中年妇女不利，出现在西方易诱发肺癌，出现在西北方主家中老公有灾祸。）

3. 土五行，与泥土、石头、水泥、建筑、瓷器、陶器等有关的事物，都属于土五行。

生肖中的辰龙、戌狗、丑牛、未羊都是土五行。

（元清花瓷。

瓷器五行属土。

精美的瓷器在家居中不但可以补足土五行的能量，还可以提升文化品位，提升富贵气运。）

（汉代玉龙。

龙为辰土，玉质为土五行。

玉龙配饰可以增加土五行的力量。）

4. 金五行，与金属有关的事物，属于金五行。生活当中，各种金属制做的器具，如菜刀、铁锅、铁塔、铁栅栏、汽车等等。生肖中的申猴、酉鸡。

（法国巴黎城市中心的埃菲尔铁塔。

因为形状优美，位于城市中心，而成为世界著名景观。

塔高而为山，形如文笔，因此在风水上可称为文笔峰，主出大文豪。）

（新建小区旁边的高压线铁塔。

形如蛛网的高压电线与铁塔一起，形成风水中强烈的煞气。

这类铁塔如果压于东方震卦位，震为木为长男，可能对家中长子不利，主家中长子或男子麻烦不断。

如果室内东方位放置金属刀剑等饰物，家中长子易有伤灾，没有长子时，就会应在家中其他男子身上。

这都是五行相克诱发的风水不利。）

5. 水五行，与水有关的事物，属于水五行。河流、水池、洗手间、下水道、鱼缸、道路、地势低处等等。生肖中的亥猪、子鼠。

（水五行。

水为财，但家居鱼缸摆放要摆对位置才能起到旺财效果。

明堂、财位、旺向位，这些位置摆放鱼缸才能起到旺财的效果。

如果一个人命理水旺为忌，再把鱼缸摆到忌神位，或者把鱼缸摆放在了三元风水中的旺山位，就会起到相反的效果，形成破财局。

风水与中医一样，都是辨证的，只有我们需要这种五行的帮助，再摆放到合适的位置，才能起到旺运的效果。

只有专业风水师写的书，才会告诉大家这种辨证的道理，因为我们传授的是知识，不是卖鱼缸。）

六、环境布局的终级奥秘——五行的"生、克、制、化"

"生、克、制、化"这四个字，其实是描述了两种情况。

一种是"生、克"，是五行之间最基本的作用关系，也就是万事万物之间的最基本作用关系。

比如，妈妈生养孩子，对孩子的爱，就是一种相生关系；比如下属在工作中犯了错误，被领导批评，就是一种相克关系。

再比如，妈妈溺爱、骄纵孩子，结果导致孩子任性、不听话，最后导致走上犯罪道路，这就是生多为克，反而是害了孩子。

如果用五行来表述，就是水能生木，但水大木漂，木能生火，但木多火塞，火能生土，但火多土焦，土能生金，但土多金埋，这就是五行相生时适度相生有益，过度相生有害的辨证关系。

另一种就是"制、化"，制就是制约、削减，化就是化解、解救。

"制"是制约旺强者，"化"是解救衰弱者。

制约过于强旺的事物，有两种手段，就是"克、泄"。比如金五行旺强，以火来克制，或者以水来化泄，这两种方式，都可以削减金五行过于旺强的力量。

解救过于衰弱的事物，有两种手段，就是"生、帮"。比如旺金克木，木五行衰弱受伤，如何解救木五行？用水来通关，水可以化金生木；或

者用其他的木来帮助这个受伤的木，增加它的抵抗力；这两种方法都可以解救木五行。

　　风水化煞的本质就是"制、化"二字，应用的原理就是最基础的"生、克"，所以我们说，风水布局的终级奥秘就是五行的"生、克、制、化"。

　　（马上封侯。

　　用来增旺事业运、官运的风水吉祥物。

　　知道吉祥物的真正用法吗？

　　如果随意摆放，是不会起到旺运效果的，有时候会起到相反的作用。

　　只有把吉祥物的材质五行、摆放方位五行、与命理或卦理喜忌结合起来，才能让吉祥物真正发挥出旺运的效果。

　　当然，如果再增加择日一项，就能把吉祥物与时间、空间联系起来，形成比较强大的风水时空能量场，起到的效果会更加显著。）

　　比如我们想要职务提升，就可以用马上封侯这个吉祥物。怎么用？有普通用法与风水师专业用法两种。

　　普通用法，就是摆在办公桌的左手边，风水原理是，左侧为青龙方，为阳，主男人的事业运，摆马上封侯可以对事业运的提升有帮助。

专业用法就涉及我们前面讲的"生、克、制、化"的用法。

专业风水师的用法，要看当事人的八字，或者要打卦预测，确定代表当事人官星的五行是什么？比如日主为乙木而且身旺，庚金为官星，克身为喜用，那么金五行为官星，西方位为官星，就可以用铜制的马上封侯摆放在办公室或住宅的西方位、西北方位，也可以摆放在办公桌的西方位或西北方位，这样就可以起到非常强力的旺官运效果。这样的做法，有吉祥物自身的喻意、有金属材质的五行之力、有方位的五行之力、有八字命理官星之力，如果再加上择日的时间之力，就能完全发挥出风水时空场的威力，旺官运的效果自然显著。

第四节　环境中的八卦方位

一、什么是八卦

1. 八卦

八卦源自《易经》，是一种以"取象类比"来归类事物属性的方法。

无论自然界，还是人类社会，一切事物，都可以在一个体系当中用八卦进行归类。

以自然界的属性来归类，八卦代表八种自然界的事物属性：天地、山泽、雷风、水火。

乾为天、坤为地；

艮为山、兑为泽；

震为雷、巽为风；

离为火、坎为水。

（先天八卦图。

把自然界的事物分成八类，以八种卦象进行定义。天地、山泽、雷风、水火，分别对应乾坤、艮兑、震巽、坎离八个卦象。）

2、八卦的方位属性

八卦的方位属性是在风水中应用最多的知识，是专业风水师必须掌握的基础。

东西、南北、东南西北，东北西南；两两相对，共八个方位。

震兑、离坎、巽乾、艮坤，两两相对，共八个卦位。

震东、兑西；南离、北坎；巽东南、乾西北；艮东北、坤西南。

上面的八卦与方位的对应，被称为后天八卦方位。

（后天八卦方位图。

震东兑西，南离北坎，巽东南乾西北，艮东北坤西南。

八卦方位是风水吉凶分析当中必定要用到的知识。）

3．八卦的五行属性

东方——震——木；

东南——巽——木；

南方——离——火；

西南——坤——土；

西方——兑——金；

西北——乾——金；

北方——坎——水；

东北——艮——土。

4. 八卦的人物属性

八卦与一家人相对应。

乾——父

坤——母

震——长男

坎——中男

艮——少男

巽——长女

离——中女

兑——少女

乾为父，震长男，坎中男，艮少男；坤为母，巽长女，离中女，兑少女。

八个卦，父母儿女齐全，反映了家庭中的人物关系对应。

二、如何用"八卦"分析环境和人物吉凶？

用八卦分析人物与风水吉凶，就要用到前面的两种基本知识。

一是八卦与方位的对应关系，二是八卦与人物的对应关系。

举个例子说，艮卦为东北方位，也为少男，少男就是儿子；所以，如果一对新婚夫妻，住进了东北缺角的房子当中，他们婚后就很难生儿子，如果有了孩子，基本上都是女孩。原因就是，房子东北方位缺角的缘故。东北缺角，则艮卦卦气不足，艮主少男，所以家中不会有少男，也就生不出儿子。这就是风水方位与人物属性的卦气吉凶感应。

如果住的是平房，比如乡村住宅，可以把房子盖得四四方方的，八方卦气不缺。但是，我们最开始讲过，地势的高低对风水的吉凶影响非常大，所以，如果住宅的东北方位低势明显低洼，或者有土坑，也是艮卦方位的风水形势不佳，也不利少男，如果新婚夫妻住进这样的房子里，

要么生不出男孩，要么生出的男孩容易身带残疾或体弱多病。

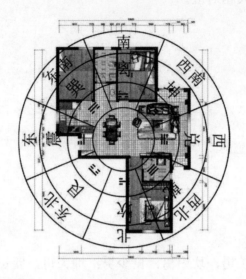

（东北缺角的住宅。

艮卦有缺，艮主少男，故新婚难生男孩，或生男易有先天不足。已婚有
男孩的，搬入后不利少男，儿子体弱易病，不利学业。）

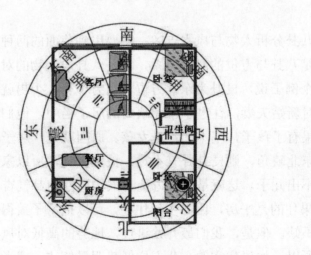

（卫生间在正西兑卦位，并且大门与卫生间门相冲。主家中人易有

生殖系统疾病，尤其女子易有妇科病，更主家中少女或女儿叛逆风流落入风尘之中。原因是卫生间相当于人的排泄生殖系统，与大门相冲外露，必感应家人泌尿系统疾病；因为卫生间压在兑卦，而兑卦为少女，主家中女子，所以最易有妇科病；兑卦被厕所晦气压住，再被门冲，主少女落入风尘或行为放荡。化解方法，进门加屏风，可解决大门与厕所门相冲。）

　　从前面两个配图的例子可以看出来，五行+八卦，结合住宅形势与相关人物，就可以大体断出一个住宅的风水吉凶，以及吉凶应在何人。

　　如果是专业风水师，运用更高深一些的风水知识，经过更仔细地勘测与推算，还可以推断出发生吉凶的大体时间，并能利用专业知识进行风水布局化解，把不利因素降到最低程度。

第二章　如何选择环境好的小区或楼盘？

风水好的小区一走进去就会感觉到神清气爽、如沐春风；而风水差的小区会让人感觉压抑沉闷、坐立不安。

本章就告诉大家在乡村如何选择合适的风水环境建房，在城市如何选择到符合风水原则的小区楼盘。

第一节　什么是住宅好环境？

每个人都希望自己有一个风景宜人的居住环境，如何从实际出发，因地制宜选择住宅和营造房屋，创造一个科学合理、舒适清静的居住环境，对保障身心健康、延年益寿是非常重要的，良好的居住环境必须满足以下几点。

一、藏风聚气

"藏风聚气"这个词老百姓们都很熟悉，因为这是中国自古以来形容好风水的词。好风水就是藏风聚气，就是富贵双全，多子多孙。

那么什么是"藏风聚气"呢？就是"前朱雀、后玄武、左青龙、右白虎"。也就是说，后面要的玄武山为依靠，前面要有低矮的案朝为朱雀，左右两侧有护山环抱，中央的明堂要平坦宽敞，并且要有曲水环抱，这种理想化的模式就是"山环水抱，藏风聚气"。当然，这种理想化的模式在实际生活中很难遇到。一般来说，只要建房之地地势平坦，后面有山

坡或高过自己的建筑为玄武，前面较平坦，有低矮的建筑为案山，并且左右两侧都有建筑，左侧的建筑比右侧高些，这样的风水环境，就称得上基本符合"藏风聚气"了。

　　"藏风"自然是指风的流动速度不能过急，风速平缓，才叫藏风。"聚气"，被环抱在中间的平坦地方才能聚气。

（藏风聚气的楼盘。）

　　藏风、聚气都与风的流动有关，所以选择住宅时首先要注意风势。倘若发觉房屋附近风势很大，即使自己非常喜欢也只能忍痛割爱了。但同时也要留意，风过大固然不妙，但也不能完全没有风，否则空气得不到流通，质量不好，就会影响人体健康。较为理想的居住环境应该轻风徐徐吹来，清风送爽。

　　此外，还要注意风向的问题，风应该是从前门而来，而不应该从屋后吹来。

二、地势平坦

　　从建筑学上说，陡斜之地不宜居家，是出于安全因素的考虑。居家的最佳地势应是平坦开阔的，给人以"四平八稳"的感觉，居住者的运程就会相对平稳，一是气场比较和缓，二是居住心情比较和悦，而且平坦开阔之地往往阳光充足，风力柔和，能改善居住者的体质。

　　从风水上讲，住宅自身及住宅周边一定范围的地势一定要平坦。如果出门就是下坡，就是明堂倾泻，主败财、败家运；房屋的左右两则一样，在风水上，左右两侧是龙虎护卫，左为青龙主男，右为白虎主女，所以左侧或右侧明显的倾斜会对家中相关人口造成不利。

　　（地势左低右高。房子前面有较陡的斜坡。白虎位高、青龙位低，白虎压青龙为煞气，主男子事业受挫，又主伤灾。门前明堂倾斜不聚财。开店必赔本的风水。）

　　在风水上有后高前低之说，但这指的是后有靠山，前有明堂，并不是指出了住宅大门就是一个可以肉眼看出来的、明显的下坡。有一些不太懂风水的人，编辑风水书藉，因为本身不懂风水的内涵，没有对后高

前低做出解释，结果我们发现，有些商家读了几本外行编写的风水书，错误地理解了后高前低的意思，把商住楼四周的地面建成斜坡，自以为形成了后高前低的风水，结果造成楼前地势有下坡倾斜，形成败财风水。后高指的是后面有山或有楼，这是我们的靠山，但住宅或楼宇自身所在地及近处的周边地势要平坦，这样才能形成明堂聚气、聚财。

　　（小区的大门正前方，地势倾斜向下，为明堂倾泻，是败财的风水。当楼盘周边地势倾斜，有明显的上坡或下坡时，说明"玄武、朱雀、青龙、白虎"四象必有一方缺陷。这种情况，是风水上的重大不利因素，而且是个人无法改造的不利风水。买房时，要避免地势倾斜的小区楼盘。）

　　如果住宅后方地势低洼，或者有坑，或者是下坡，在风水上主败人丁，也就是会对家人健康造成严重不利，主家人得恶疾或意外伤亡。所以住宅后方地势也要平坦，在城市当中最好后面有其他楼宇作为自己的靠山；在乡村最后面远处有小山或山坡作为自己的靠山；如果是住宅内部，我们的坐椅、床位后面要有墙体作为依靠，而不能背后空旷，或者背后对门、对窗，否则不但对健康不利，而且会给工作事业带来诸多阻碍。

（小区楼盘后面有坑洼地。是风水上的损丁破财之局，容易诱发意外伤亡、重大疾病等凶险情况。）

三、依山傍水

有山有水，始终是人们对理想生活环境的追求。山体是大地的骨架，也是人们生活资源的天然宝库。水是万物生气之源泉，没有水，万物就不能生存。考古发现的原始村落，几乎都位于河边高地，这与当时人们的狩猎、捕捞、采摘的生活相适应。

依山的形式有两类。

一类是"土包围"。

（三面环山的村庄。村庄依山而建，后方与左右两方三面环山，玄武为靠山，青龙与白虎左右护卫，稻田为明堂、为水。藏风聚气之地。）

三面群山环绕，中间地势平坦，出口在东、或东南、正南，西南，最佳出口自然是正南方。这是因为太阳东升而西落，这几个方位采光充足，对于位于北半球的中国人来说，坐北向南可以防止冬天北方冷空气的侵袭。当然，这种情况也不是绝对的，起码在长江以北、或黄河以北地区，山脉走势多为自西向东的走向，山脉落势之处，也会形成西、南、东三方山势围绕而北方开阔的地势，在这样地势当中的村落也有一些。

最好的形势是东、北、西三方群山环绕，而南方为出口，中间地势平坦，这样的地方，背阴向阳，采光充足，是最理想的居住地。

（依山傍水的楼盘规划。）

另一类是"屋包山"。

选择向阳的山坡，沿坡而上，成片的房屋覆盖山坡，从山脚一直到山腰。但这样的形势，山的两侧，一定要有自然形成的山沟排水，而且一路顺山而下的小河不能堵塞，水道通畅，这样才能在雨季防止泥石流等自然灾害毁坏家园。

（依山傍水。富豪别墅。）

（依山而建的半山别墅。）

　　古人的时代虽然科技落后，但他们比我们更懂得与大自然相处，和谐共处。如今，依山傍水之格局越来越受到人们的青睐，不但能刺激视觉、舒缓心情，使人与自然合二为一，还能为人们的生活带来方便和好运。

四、风和日丽

理想的居住环境阳光要充足，空气流通，气流舒缓，没有急冲的气流。

都市吉宅必不可少的一个条件是居住地要阳光充足，采光充分。万物生长靠太阳，阳光是必不可少的风水要素。向阳背阴之地是第一选择。

既使是向北的朝向，也要位于正前方的北方位视野开阔，这样才能使房间的采光充分。如果楼宇向北，本身就不利采光，再加上视野狭小，被其他楼宇挡住，就会使住宅内光线昏暗，阴盛阳衰，肯定是不利的风水。

（过小的楼间距使房间采光严重不足，容易造成阴盛阳衰。）

（科学合理的小区规划，楼间距适度，采光充分、空气流通。）

阳光和风是影响住宅十分关键的气象因素，舒适的阳光和风能为个人的身体和情绪营造健康愉快的氛围。流通的风能促进气流循环，使屋宅的气场吐故纳新，保持生机；充足的阳光能使屋宅周围有充足的阳气，令屋宅笼罩在一片祥和的气氛中。

选择吉宅一定要综合考虑这两方面的因素，有的地方向阴通风，有的地方向阳闭气，都不是最好的居住地方。

第二节 好楼盘必备的地理条件

好的楼盘一般都十分注重周边的环境，注重楼盘与环境的协调，注重内部的布局合理性，让居住者与自然处于和谐境界，为自己和家人创造理想生活。

一、地形地势好

自然地形千姿百态，如何利用也因具体形状的不同而异。但总的原则是首先要避开山势陡峭、纹理错乱、生态状况不良的地形，因为这些地方在地震和暴雨时极易形成泥石流。

（暴雨之后，泥石流冲毁道路与房屋。所以房子不能建在山谷之间的河道当中或附近，也不能建在两个山坡之间的沟底。）

（城镇当中，建在地势低洼处的房子，或建在两个山坡中间夹沟处的房子，一遇暴雨就被大水淹没，变成灾区，人与财两受损失。）

其次不应选择四周高大封闭的地形，这种地形会限制通风，促成倒风，增加午后的温度，降低午夜后的温度，助长午后的风势，妨碍对周围的视景，影响排水系统，不利于污染气体的扩散，增加洪涝侵袭的可能性。

（密密麻麻的高层建筑沿河道围成一道不透风的"高山屏风"，使被挡在其后的低层建筑不透气、不透光，夏天闷热，冬天阴冷。）

（后盖的高层建筑，像一座座高山，掠夺了附近低层小区的采光与空气流通。城市当中的高楼是山，道路是水，所以一个整体布局、兼顾各方利益的规划变得极为重要。广州市城市规划勘测设计研究院研究员方兴华说："高层建筑是现代文明的标志，也是商业社会的产物。在人口密集、土地有限的大中城市，高层建筑不仅有利于节约土地，减少市政投资，还可以创造优美的街道景观，为人们工作生活提供全新的空间。然而，近年来高层建筑的兴建对城市生态环境造成了一系列负面影响。"）

较为开敞的地形则可促进通风，增强空气流动，视野开阔，生态景观良好。

一般来说，位于山脚下具有一定坡度的地势较佳。当然还要综合考虑朝向、水源、土壤等情况如何。

同时，斜坡地形可以消除视景的幽闭感，而使建筑多层次展开，景色相对平地建筑和自然景观来说更为优美，而且通风好、自然采光与日照很少受阻碍，气候较好，地下水位低，易排除污水。

二、有水环抱

楼房前面的道路或河流适逢"U"字形转弯处,若住宅在"U"字弧内者,状似在护城河内侧的城堡,在心理上偏向稳健兼具信心;而设立在"U"字弧外的建筑物,状似被排挤在外,令居住者缺乏安稳的感觉。

(环抱的水。在平原地区,没有明显的山,就以水来看山。在风水学中,得水为上,其次藏风。得水,就是得水流环抱。水流环抱之处,就是山龙落脉结穴之处,就是阴阳之气相交的风水吉地。)

三、巷道及人行道平整宽阔

住宅前面的人行道宜宽阔平整,住宅与马路间应保持一段适当的缓冲距离,最忌人行道狭窄,使住宅紧临马路,形成割脚煞。若该路段车速较快,不但安全堪虑,且行人匆匆经过,难聚人气。

（宅前宽阔的人行道形成聚水的明堂，有利于聚集人气，形成聚财的风水。）

住宅前的人行道由内往外倾斜，其倾斜度若超过 7 度以上，就会让步行经过人行路段者感到平衡性不佳，形成散财的风水。

住宅前面的巷道胡同，若过于狭窄，会让人产生压迫感，亦不宜。

（商店门前是下坡，这是明堂倾泻，不聚财，是退财的风水。）

四、赏心悦目的住宅外观

　　购房置业选择一处外观理想的住宅对人的身体是很重要的。从正上方位置看住宅的形状，呈长方形或正方形的，四边没有缺角，且左右相互对称者，则为最理想的住宅形状。因为这样的住宅形状，可以使气场的能量处于平衡的循环流动状态，能给居住者的身心健康带来良好的影响。方形和长方形有着平稳渐进的动力。特别是住在方形的楼房里感受到的是平和、稳健、宽容、敦厚。

　　另外．住宅的坐向、形状、开门、开窗的方向，都直接影响着房屋的通风和采光，也会给居住者带来不同的影响。

　　（别墅房顶倾斜与不对称形成缺陷，会感应到人体与家运。主头部疾病与家中女子运气不好。把屋相当做人相来看，是形势风水的秘诀之一。）

五、良好的小区景观

小区里的景观不只是供居民观赏的，它必须与居民的休闲活动相匹配，也就是说居民可以徜徉其中，享受大自然而不觉得拘束，能够实实在在享受这些景观和使用这些设施。比如，小区的集中空地做出高低错落的景观，应该形成或大或小，或公共或私密的活动空间，以满足不同人群的活动需求。开阔的场地可以供居民集体晨练或举办群众文娱活动，而相对隐蔽的小空间，则给居民提供了阅读、交谈的场所。

（小区内的公共空间相当于各住宅楼共用的明堂，宽敞大气的公共空间是小区旺财风水的重要组成部分。）

六、温度与湿度适宜

在古代，人们非常重视住宅的朝向和日照，而好的居住环境除了取决于日照时间、住房的卫生条件外，还与保持住宅的气温有极大关系，居室中气温过高或过低都将导致不良的后果。

住宅的小气候必须保证居住者机体温热的大致平衡，不使体温调节机能长期处于紧张状态，保证住宅能有良好的舒适温度、保证居住者正常的工作和休息。

保持温热平衡或体温调节机能状态正常，是指在住宅内，人们正常衣着，安静或中度劳动的情况下，机体的产热量、体温、皮肤温度、皮肤发汗量、散热量、温热感觉以及相关生理指标（呼吸、脉搏等）的变化范围不超过正常的限度。因此住宅小气候的各个因素都必须保持在一定的范围内，在时间和空间上保持相对的稳定性。

通过实验和理论推算，夏季室内的适宜温度为 21—32℃，最适宜的范围为 24—26℃；冬季室温 19—24℃最为舒适。目前，地球气候变得温暖起来，人们的住宅温度感也开始要适应高温了。如在起居室和卧室要求 22—23℃，餐厅要求 20—22℃，厨房因有热源，温度保持在 20℃左右等。

一般说来，空气湿度高可增加机体的传导而流散热量，引起体温下降、神经系统和其他系统的机能活动随之降低，人体容易出现一系列病态。

如果长期生活在寒冷污浊的环境中，就容易患感冒、冻疮、风湿病等。相反，极干燥的空气也不利于人体健康，从医学角度来看，干燥和喉咙的炎症存在着一定的因果关系。所以，居室内的相对湿度一般要求为 30%—65%较为适宜。

第三章　如何辨别户型格局的好坏?

住宅的户型结构和装修设计直接影响人们的生活质量。

户型好的住宅设计应体现舒适性、功能性、私密性、美观性和经济性。

该选择什么样的户型居住呢?

您家的房子户型设计合理吗?

第一节　什么样的户型是吉祥格局?

好的户型格局不但可以住得舒适，而且能住得家庭兴旺，生活幸福，顺风顺水。

一、户型要均衡

户型形状决定了其内部循环之气的流动方式，对居住者有很大的影响。

房屋不管设计得多么现代化、多么时髦，如果形状不规则，内部的能量都会停滞，就会造成阴阳不平衡、气流紊乱，使居住者的日常生活或身心健康受到影响。

空间形态以上下、左右均衡，循环缓和最为理想。

从正上方看住宅的形状，以左右对称，像正方形或长方形，且没有缺角的为最理想。这种形状的房子，气场的能量可以进行均衡的循环，

能让居住者倍感舒适和健康。

二、户型要方正

屋相如人相，人与屋是有感应的，所以屋形一定要方方正正，切忌奇形怪状。

如果你住的房子是方方正正的，久而久之为人处世都会公公正正。

方正的房子给人一种稳定安全的感觉，而不方正的房子给人一种不安全的感觉。

还有更重要的一点，只有方正的屋形，才不会缺角，才会五行之气齐全，八卦之气齐全。如果房屋缺角，缺了哪个角，哪个方位的五行就会欠缺，哪个方位的卦气也会欠缺。而某个五行欠缺会影响到人的运气，卦气欠缺会影响到住宅里某个家庭成员的运气。

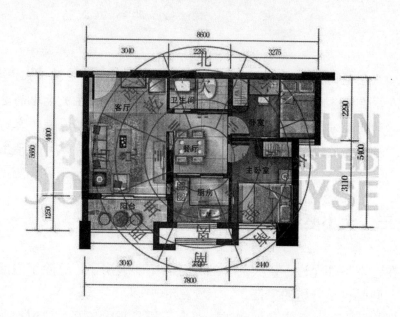

（方正的户型，五行方位与八卦方位齐全，五行之气与八方卦气齐全。这是户型方正的风水要义。）

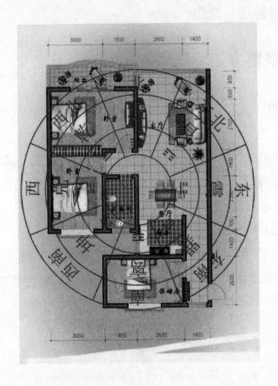

（户型缺西南角。西南方位为坤卦位，在人物对应上属于家中主妇、女主人，在身体对应腹部与脾胃功能，在婚姻关系上主夫妻中的妻子，所以，如西南方位缺角，对家中主妇不利，家人易有肠胃病，容易诱发离婚。房屋其他方位缺角，都会对相应的家庭人物与身体部位产生不利影响。）

三、大小要适中

在经济条件允许下，大部分的人都希望买大房子，这除了生活空间大了，同时也是身份的象征。

但实际上，从风水角度来讲，买房子不是越大越好，要根据居住的人口多少而决定大小，太大或太小都不好。因为住宅讲聚气，如果面积过大，而住的人少，就很难聚集旺气。过大的房子，会大量消耗人的能

量，当一个人用了很多的能量去填充一个大房子的空间时，就会对气运有很大的损害。

四、光线要适度

任何一个房屋都一定要有采光，才会有阳气，使房间的气场阴阳均衡。光线温和地进入屋内，但屋内留有阴面，才能阴阳协调，贵气、富气都具备。

如果阳光太过强烈也不好，会影响人的情绪及休息，可以用窗帘加以遮挡。

（房间的光线要适度，如果有过于强烈的阳光照射，用窗帘遮挡，可以让室内光线既明亮又柔和。）

第二节　什么样的户型是不好的格局？

房子建好后，住宅的形状就变得不可改，在现实当中，又不可能把房子拆了重建。买房子的时候，要十分重视户型的风水吉凶，因为一旦

住进户型为凶的房屋，因为户型的固定与不可更改的特性，是无法用风水布局的方法完全去除这种风水煞气的。

一、三角形的住宅是凶宅

三角形在风水中五行属火。地基、楼形、户型为三角形，是很严重的火形煞，最容易给住户在精神方面带来不利的诱导，也会引起脑部疾病。

在现实当中，大多数三角形住宅，都是一些小户型或单间房，住的人多为租住户。所以，打工族在租房时，一定要注意，不要因为贪图租金便宜而租住这样的房屋，因为在三角形户型内住久了，会让自己的情绪、性格产生异常，然后影响到自身的事业与财运，还更容易遇到突发事件。

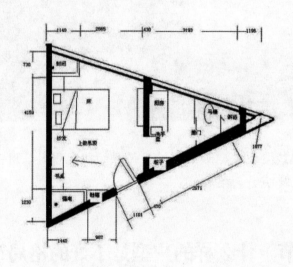

（三角形的单间房。诱导情绪与精神异常。因为房形一边大，而另一边非常小，户型造成五行的严重失衡。此住宅平面图还有房门冲睡床，厨厕相对等风水格局问题，会对健康造成不利影响。）

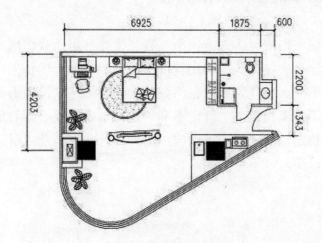

（三角形的小户型。因为户型问题结果造成了格局上的更多风水煞气，大门与窗户直冲，为漏财；进门处厕所与厨房正对，影响健康与婚姻。）

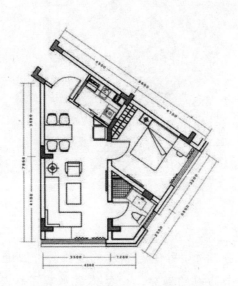

（三角形一房一厅住宅。房型三角，主事业不稳；大门位置倾斜不正，主人多做偏门行业；卧室房门偏斜，且卧室门冲床，主在感情方面、婚姻方面特别不稳定。）

二、梯形的住宅阴阳失调

梯形的住宅也是一头大一头小，有些变异梯形还会出现一侧扭曲、偏头沉的情况，房屋形状体现出较严重的失衡状况。形状失衡，阴阳就失调，五行不全，卦气欠缺，自然会对人的运气产生较大不利影响。

这种阴阳失调的住宅，肯定不利婚姻，未婚的找不到对象，已婚的婚姻关系不稳定，出现感情风波或离婚，并因此对事业或财运造成较重的不利影响。

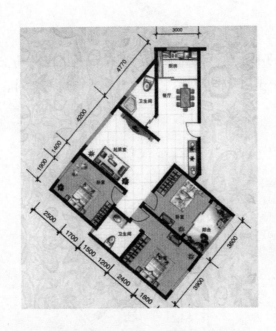

（梯形的三房二厅。卧室与客厅构造较好。但进门处的餐厅、厨房、卫生间形成了一个凸出的部分，使整体风水有了缺陷。大门与卫生间门对冲，形成风水煞气，不利健康与婚姻。最好的办法是在大门内设玄关，使大门与卫生间不再相冲。）

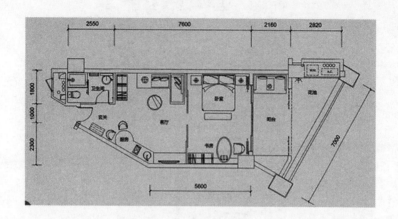

（梯形的一房一厅。大门为气口，相当于人的嘴，是纳气、纳财的地方；大门一侧狭小，说明财路很窄；大门在斜线的墙体上开口，正行的钱财赚不到，会转向偏门行业。另外，大门、玄关、客厅、卧室、阳台，一线贯穿，形成穿心煞，主漏财、破财。按照大门与玄关处的格局来看，进大门就是卫生间，卫生间与玄关位置的空间狭小，放不了挡穿心煞的屏风，更安不了玄关，所以，这个穿心煞无法解决，搬入这样的房子，会在风水的诱导下去做偏门行业，然后不断决策错误，事业走下坡，更会连续破财。）

三、L 型的住宅让人动荡不安

L 型的住宅，没有中宫。

中宫是什么，是中央戊己土位，是风水中的皇极位。

万物生长离不开土五行，土五行之气主管化育与生机。所以，没有中宫位的 L 型住宅，就没有稳定的重心，住在这样的房子里，事业会动荡不安，时常遇到困境，钱财难聚而易散。

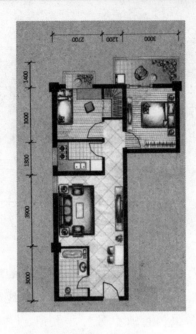

（L型的住宅，主动荡不安。）

（变异的L型住宅。一头重一头轻的房形格局。这样的住宅风水，会诱导人做事偏执，听不进正确的意见，自以为是，并因此造成决策失误，导致衰运连连。）

四、锯齿形住宅使家运混乱

锯齿形住宅的形状是指房型的一侧边线不是直线，而是象锯齿、或者象楼梯一样。

这样的房形，会使原本一个正方形或长方形的稳定风水气场变得混乱，时间一久，常常出现各种琐事，住户做事也会陷入混乱无序的状态，扰乱正常的事业安排。

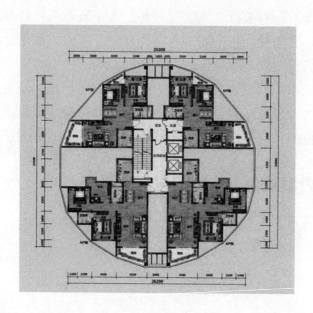

（锯齿形住宅。这是一座圆形楼盘的横剖图。因为楼盘是圆形的，所以，一梯四户的每户住宅，沿圆形的圆周，就形成了锯齿形状。）

第三节　户型缺角会对哪些方面造成不利?

一、户型缺角是格局缺陷

住宅的八个方位就相当于一个完整的人体，如果某一个或几个方位缺角，就相当于身体的残缺，自然会对家运产生不好的影响。

一座住宅，既有五行之气又有八卦之气，五行与八卦对应着住宅的每一个方位，并与住宅中的相关人物相对应，所以，如果住宅缺角，必然对相关的五行气场与相关人物产生不利影响。

缺角小，影响程度轻微，缺角大，影响程度严重。缺角如果较小，不足三分之一，对家运只会的轻微的影响；如果缺角严重，超过一半，甚至一个方位的角完全缺失，就会有家运产生较重的影响了。

二、户型缺角与八卦的对应关系

（后天八卦方位图。

按地图方位，上北下南、左西右东。

通过这个图，我们再拓展一下八卦方位与家人、人物、身体的对应关系。

乾西北为父亲，也代表家中的男主人；男性的生殖器官、腰椎、肾。

坤西南为母亲，也代表家中的女主人；女性的生殖器官、腹部与肠胃。

震为阳为男，为长子；也为长男，即排行老大的男子；肝胆。

坎为阳为男，为次子；也为中男，即中年男子；泌尿系统。

艮为阳为男，为小儿子；也为少男，即少年男子、未婚男子；手、后背。

巽为阴为女，为长女，既是代表大女儿，排行老大的女子；会阴部、神经。

离为阴为女，为次女，也为中女，即中年女子；心脏、心血管、眼睛。

兑为阴为女，为小女儿，也为少女，即小女孩，或未婚女子；口、齿、肺。）

三、户型缺角会产生哪些格局问题？

我们按照八卦与父母子女相对应的关系，一一介绍八卦方位缺角户型会引起的风水问题。在买房或租房时，我们先考虑到自己和家人与八卦方位的对应，有些缺角问题对我们影响不大，但如果缺角方位的卦象与我们自己或家人是对应的，那么这个缺角房子的风水，就会对我们的运势产生非常不利的诱导。

举个例子说，一家三口，父母与儿子，父亲对应乾卦，母亲对应坤卦，儿子对应震、坎、艮三阳卦。那么在买房子的时候，这些与家人相对应的卦位，一定不能有严重的缺角，否则，欠缺的卦气会感应到我们的运气，使我们运气走衰，产生种种不利的情况。因为家中没有女儿，所以东南巽长女，正南离中女，正西兑少女的卦位缺角，对这一家三大的影响就不大。在巽、离、兑三个卦位中，最好离卦位也不要缺角，因

为母亲的年纪如果是三四十岁，那么正南离卦位缺角也会对母样造成不利。

下面，就把八方八卦位缺角对家人所产生的风水不利影响详细讲述给大家，这是专业风水师用来推断家居环境风水吉凶的基本知识。

四、如何运用八卦化解户型缺角？

八卦代表八方，八卦代表家中的人。

乾西北为父，

坤西南为母，

震东方为长男，

坎正北为中男，

艮东北为少男，

巽东南为长女，

离正南为中女，

兑正西为少女。

更多八卦类象的对应关系，看前面对八卦方位图的讲解。

哪个卦位缺角，就会对与卦位相对应的人产生不利的风水影响。

1. 乾——西北（父）

西北为乾卦，代表父亲，代表一家之主，代表家中的老公，代表男人的事业，还代表男人的生殖系统与腰肾功能。如果是单位或公司的办公室，西北位还代表老板。

住宅西北缺角，如果家中住着老父，就会对老父不利，易患较为难愈的疾病，如果父亲还在工作，那么父亲的工作事业会遇到困境。

西北缺角，说明乾卦之气不足，乾为老公，所以如果一对夫妻住进这样风水的房子，老公运气变衰，事业受挫，或生殖与肾功能变差，老公容易有意外灾祸，或者容易离婚，这个离婚会对老公造成较重的打击。

单身男子住进西北缺角的房子，乾卦之气不足，那么在工作、事业

上会处于困境，难以取得进展，并且会渐渐丧失上进心。因为乾卦之气，是一种阳刚、积极上进的卦气，缺了乾卦，人就会慢慢变得失去了上进心，变得懒惰。

单身女子住进西北缺角的房子，乾卦之气欠缺，就不容易找到老公，因为乾卦为夫妻中的男方，没了乾卦，就没有了另一半，至少不会有稳定的情感。

（西北缺角、正西部分缺角的住宅。西北乾卦气严重不足，正西兑卦气略有不足。

如何化解西北缺角的风水不利？

西北为乾卦，五行属金；乾为天、为圆、为君、为父、为金、为玉、为马、为车。

风水化解的奥秘就在这些五行与卦的类象当中。

在客厅的西北方位摆放金属制的、圆形的吉祥饰品，比如金属球、地球仪等，色彩以白色或银色为最佳，因为白、银二色五行属金，可以补足乾卦之气。

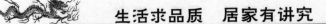

或者摆放铜制或银制的马、大象、铜、印章。

或者摆放金属制车辆模型。

或者摆放白玉做的印章。

或者摆放白色、透明的水晶球。

这些选择当中的任何一种或多种组合，都可以补足乾卦之气。

读者可以根据自己的经济条件与居家实际情况，从中挑选让自己家布局经济、美观、协调的乾卦类象物品来调整自家的风水，减轻不利，旺起气运。

仅此一例，大家举一反三，自然就学会了专业风水师用来解决户型缺角问题的风水化解方法，可以显著减轻缺角带来的不利。

以此图户型为例，在餐厅西北墙上挂一面金属壳制的、圆形的、银白色的钟表，就可以起到补足乾卦卦气的目的，如果在客厅西北位再摆放其他乾卦类象吉祥物，会使乾卦气再一步得到加强。）

（大象为乾卦。

象鼻吸水主招财，葫芦主化煞去病，子母象主家庭亲和。

把一对大象放于西北方位，既可以补乾卦之气，又可以招财化煞、和睦家庭。）

（银制白马为乾卦，放于西北方位，可增加乾卦旺气；奔马扬蹄，主事业发达。）

（天然透晶水晶球。

圆形的水晶球为乾卦。

水晶五行属土，圆形为乾为金，土金相生，可以补乾卦之气。

圆形有太极之意，阴阳相济、刚柔兼备，文武俱全。）

2．坤——西南（母）

西南为坤卦，代表母亲，代表家庭主妇、女主人，代表婚姻中的妻子，还代表人的腹部、肠胃功能。

住宅西南缺角，如果家中住着母亲，就会对母亲不利，尤其是对母亲的健康不利，会有较重的腹部疾病或肠胃病。

西南缺角，说明坤卦之气不足，坤为妻子，所以如果一对夫妻住进这样风水的房子，妻子的运气会变衰，身体不好，特别容易得肠胃病，而且工作方面渐渐变得不顺利，时间一长，还会引发夫妻感情不和，导致离婚，对妻子造成较重的打击。

单身男子住进西南缺角的房子，因为坤卦之气欠缺，所以会因为各种原因找不到老婆，结不成婚。

单身女子住进西南缺角的房子，会诱发腹部内脏功能变弱，比如常常腹疼，月经不正常、疼经、肠胃疾病、脸上长痘等情况。

如果这个缺角的方位，是电梯或过道，那么这个方位过于激烈气流，会逐渐感应到坤卦代表的相关人物，如母亲、妻子，引起心脏、血压等方面的问题。

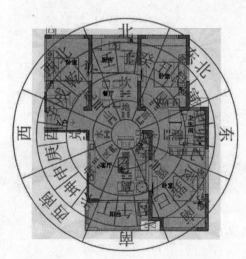

（西南严重缺角、正西一半缺角、东北稍微缺角。

西南坤卦气严重不足。正西兑卦、东北艮卦的卦气略有不足。

坤卦五行属土，艮卦五行也属土，所以坤西南、艮东北缺角时，可以用陶瓷、玉、水晶、石头类饰品的摆放来弥补所缺的卦气。）

（黄玉牛生肖摆件。

坤卦为大腹、为子母牛，所以西南坤方缺角可以选择大肚陶瓷瓶、或石头、黄玉、黄水晶雕刻的子母牛动物摆放在客厅的西南方位来弥补坤土之气。）

（石山——天然奇石摆件。

艮为山，所以东北艮方缺角可以选择石头的盆景山，布置在客厅的东北方位，当然，也可以在客厅的墙上挂上一幅山川连绵或万里长城之类的风景画，这两种方法都可以弥补艮卦之气。）

3. 震——正东（长男）

正东为震卦，代表男子，代表长男，代表大儿子；也代表工作、事业，尤其是代表一个人在专业方面的名气；在身体上代表人的肝胆部位。

正东缺角，会对一个人在工作、事业上的名气有所影响，但产生影响最大的是家中的男子。

如果家中有两个儿子，那么，东方震卦位对大儿子影响最大，同时也对排行老大的男子影响最大。东方缺角，长男或大儿子的工作方面会遇到严重困扰，事业受挫，严重的会经常处于失业状态。

因为震卦五行为木，代表人的肝胆，所以当东方缺角位是电梯或楼道时，来往走动形成的煞气会激发木五行不稳定的气场，从而使家人尤其是家中的长男或大儿子肝胆功能变差，严重的得上各种肝病，比如甲、乙、丙、丁肝。

震卦五行属木，为震动之意、萌发之意、飞腾变化之意，所以，震为龙，也为飞禽，比如鹰、鹤之类；震为东方木，所以植物、花卉可以补震卦木气。

当家中东方缺角时，震卦木五行之气不足，可以在家中东方位摆放花木，东方位如果摆放不了，就摆在客厅或阳台，以补震木之气。

在东方位的墙上挂森林与花木、或飞鹰、仙鹤的画也起到同样的作用。

吉祥物当中，鹰、鹤等形状秀美或雄奇的木雕作品的摆在客厅东方位，即有雄鹰展翅、松鹤延年的吉祥寓意，又可弥补震卦之气。

（雄鹰展翅图。

震为震动、飞腾，飞鹰为震卦，可补震卦之气。）

（松鹤延年图。

震卦为飞腾为鹤，震五行属木而松树五行亦属木，故松鹤图挂于东方可补充震木五行之气，可以解决住宅东方位缺角的问题。

此图最适合有老人的家庭，有家人健康长寿的喻意。）

（野鹤图。

沼泽为水，草地为木，水木相生，补充震木五行；五个鹤为五个震卦。

此图对东方缺角震木不足的住宅能起到较好的弥补作用，尤其适合自由职业者。）

4. 坎——正北（中男）

正北方是坎卦位，代表二儿子、排行第二的男子、中年男子。

当北方位缺角时，坎卦卦气欠缺，会对家中坎卦代表的人物产生不利影响。

如果家中只有一个男孩，就只对这个男孩产生影响；如果有两个儿子，那么北方位缺角的风水不利，就会感应到二儿子身上，使二儿子的健康、学业等方面产生不利。

如果一位中年男子的住房，中年男子指四五十岁的年龄，住宅北方位缺角，坎卦卦气不足，那么这个中年男子运气会很衰，必定在事业上遇到困难，处在困境当中难以自拔，财运很差，生活过得比较苦。

坎卦的五行属水，所以坎卦代表人的泌尿系统、膀胱、肾这些器官，也代表人的血液、内分泌。正北坎卦位缺角的家庭，家人在以上身体器官与部位容易功能较差，如果再有其他风水煞气相侵，这些部分会患上较重的疾病。

坎卦五行属水，所以饮水机、水池、鱼缸、装满水的杯子，都是坎卦。

坎卦的动物类象为猪、鼠、鱼等，所以这些动物的摆件与图画都是坎卦。

（水是坎卦，鱼也是坎卦。

鱼缸养鱼可以弥补坎卦的水五行之气，对于北方位缺角的家居很有效。

鱼缸摆放到客厅还可以起到旺财的效果，尤其对于八字水五行为用神的人效果更好。）

（铜猪。

在八卦的动物类象中，坎为豕。豕就是猪，所以猪生肖就是坎卦。铜器五行属金，猪生肖为坎水，所以铜猪是金水相生的组合。

当然，猪生肖还是十二地支当中的亥水。

当家居北方位缺角时，在北方位摆放鱼缸，或者摆放铜猪，可以旺起坎卦之气，化解北方位缺角的不利。）

5. 艮——东北（少男）

东北方位是艮卦位，五行属土；艮卦为阳为男子，艮卦为小儿子，也代表少年男子。

因为东北艮卦是少男，所以在风水中是子孙山，代表后代；同时，子孙山也代表人的财物。

新婚的夫妻，如果住房缺东北角，那么妻子就很难怀孕，或者怀孕之后特别容易流产。

因为艮为少男，为儿子，所以，住房缺东北角的夫妻，很难生男孩。

缺了东北角，艮卦卦气不足，艮为阳为男，就对家中男子的事业财运产生不好影响。如果家只有一个男孩，那么对这个男孩不利影响最大；如果家中有三个儿子，因为小儿子为艮卦，所以艮卦卦气不足的影响就主要感应到小儿子身上，使小儿子运气变得最衰，或者体弱多病、或者多是非、或者在学业、工作方面情况非常差。

艮卦五行为土，艮为山、石头、矿物、陶瓷。

在动物的类象当中，艮卦为狗、狼、熊等。

艮卦的这些类象，就能在家居风水调整当中，以各种吉祥装饰物的形式出现，起到弥补艮卦卦气的作用。

（园林当中的大型假山、山石就是艮卦。

专业风水师可以利用大型假山进行城市、工厂、企业等方面的环境风水布局。）

（天然石头制做的假山盆景。

山石为艮卦，天然石头做成的假山盆景适合放在室内。

放在东北艮卦位能有效弥补东北缺角造成的艮卦卦气不足。）

（陶瓷狗生肖。

陶瓷五行属土，狗为艮卦；两只小狗为两个艮卦；可以有效弥补东北艮卦缺角的问题。

狗为戌土，八字命理戌土为喜用神的人，也可以在室内摆放，以增加戌土的力量，起到旺运效果。）

（可爱的小熊。

熊为艮卦。

一只可爱的小熊就可以弥补艮卦卦气的不足。

　　狗与熊都是艮卦，也都是十二地支当中的戌土，所以，当家中孩子的八字需要戌土做用神的时候，小狗与小熊既能成为孩子的玩具，还能成为给孩子旺运的风水吉祥物。

　　明白了风水的原理，风水就可以做得富有人情味，充满温馨感，在不经意间解决让我们头疼的问题。）

6. 巽——东南（长女）

　　东南方是巽卦位，代表大女儿、排行老大的女子。

　　东南巽位，还是风水中固定的文昌位，代表学业、文化、艺术方面的成就。

　　在身体方面，巽的五行为木，代表人的肝胆功能、代表人的韧带与筋膜，代表人的神经系统功能，所以当家居东南巽位出现风水问题时，家人容易在这些方面产生疾病。

　　当东南方缺角时，如果家中只有一个女儿，那么这个风水缺陷就感应到这个女儿身上，女儿学业不好，爱玩爱打扮，很容易变成坏女孩；如果家中有二三个女儿，那么巽位缺角的风水问题就主要感应在大女儿身上，大女儿学习不好，运气差，而二女儿与小女儿几乎不受影响。

　　巽方有缺角，如果再加上有其他的风水煞气，比如屋外还有其他房子的尖角冲射，或者地势低洼有坑等等，会对家人造成肝胆病或者神经衰弱症之类的疾病。如果家里有大女儿，那么大女儿最容易在这些方面生病，煞气特别强烈的，比如房子缺东南角，再加上屋外东南方位有烟囱或者有反弓路，大女儿就可能容易得精神病。专业风水师，就是通过这样的风水分析，来判断出家居风水吉凶与吉凶应于何人何事。

　　巽卦的人物类象除了长女之外，出家的僧人、道士也是巽卦。

　　长直的、或者柔软、缠绕的东西是巽卦，比如竹子、绳子、爬滕类植物。

　　蛇、莽类动物属于巽卦。

　　动物中的禽鸟类，尤其是生活在山林中的禽鸟类，比如家鸡、野鸡、

孔雀等，属于巽卦。

巽为风，所以与产生风有关的物品，扇子、电风扇、空调机等是巽卦。

知道了巽卦的万物类象，我们就可以利用与这些类象的吉祥物来调整家居东南巽卦方位的卦气了。

（蔷薇花，爬滕类植物，可以盆栽，为巽卦。

在庭院当中种植蔷薇花，可以起到补足木五行、与补足巽卦之气两种作用。）

（盆栽蔷薇花，可以放在阳台上，爬滕植物可以补足巽卦卦气，解决住宅东南方位缺角的问题。）

（吊兰，爬滕类植物，属于巽卦。

在家居装饰中可以挂起来，既起到美化环境的作用，又起到补足巽卦卦气与木五行之气的双重作用。）

（孔雀图。

孔雀属巽卦。

在客厅悬挂、张贴孔雀图画可以弥补户型东南缺角的风水问题。）

（孔雀屏风。

孔雀象征着美丽、善良、和睦，象征美好的爱情与幸福的家庭。

把家居玄关隔断与五行、八卦风水的化解巧妙地结合在一起，既赏心悦目，又起到旺起家运的效果。）

（孔雀扇面。

扇子为巽卦，孔雀为巽卦，所以孔雀扇面具有较强的巽卦卦气。

　　扇面可以摆放在家居客厅，也可以摆放在办公室。在一些非家居的办公场所，如果东南方缺角，会影响到长女的运气，这时把一幅孔雀扇子摆放在办公室或办公桌的东南方位，就可以不露声色地解决这个风水问题。

　　摆放之前，如果请品德高洁的僧人、道士或风水师开光，自然效果更佳。）

　　（玉石文昌塔。

　　东南方位是文昌位，主学业运。

　　如果东南缺角，会不利于家中孩子的学习，所以在客厅东南方位或孩子卧室的书桌上摆放文昌塔，是一个提升学业运的好办法。）

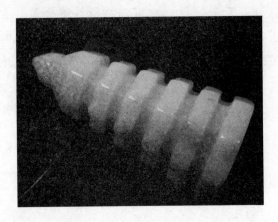

（冰糯种翡翠文昌塔。

高档玉石因为价格昂贵，所以这种文昌塔都是小的摆件。

好的玉石摆件既是保值、增值的收藏品，也是可以作为传家之宝的风水吉祥物。）

（铜制文昌塔。

旺文昌运、学业运，弥补东南巽卦文昌位的户型缺角。

铜器价格比玉器便宜，并且不易损坏，是旺学业运时常用的风水吉祥物，适用于绝大多数百姓人家。）

7. 离——正南（中女）

正南方是离卦位，代表二女儿，代表中女，三四十岁的女子；离卦有光明之象，所以还代表文化、娱乐方面的名气；离卦五行为火，所以表心脏、血压。

当正南离卦位缺角时，风水气场不利于家中的二女儿，不利于中年女子；家人心脏、心血管、血压等方面的功能不太好，容易得这方面的疾病。

离为火。

离为光明之象，所以太阳、阳光为离卦。

离卦的光明普惠万物，故有文明之象，教化之意，所以离为文化、文书、书法、字画。

离为甲骨、龟壳。

因为离卦象的特点是离中虚，外阳而内阴、外刚而内柔，所以在动物当中，龟、蟹、蚌等外硬内软的甲壳类动物都属于离卦。

离中虚，所以在器物当中，外面实而内里空的物品属于离卦。比如红灯笼、孔明灯，都是外实而内空，里面还点有火烛，所以都是离卦。

广告照牌的灯箱，是离卦，霓虹灯也是离卦，当然，这些灯的形状最好是丰满的，而不是细长形的，如果是细长形的，离卦的味道就几乎没有了，只能是火五行当中的丁火，阳光的火是丙火，灯光的火是丁火。

方形、圆形、圆柱形的，外实中空的丰满的大型灯具，都可以成为离卦，但长条的日光灯管，只是丁火，而不再有离卦的象意，也就不具备离卦的卦气。

这些离卦的物象，在风水设计当中，都可以根据需要来取用，风水运用之妙，存乎一心，就在于符合五行八卦原理的基础上，灵活而不拘泥地运用。

（书法作品。

离卦为文书，所以书法、字画属于离卦。

把书法与字画挂在客厅的南方位，就起到离卦的作用，离卦的文化、光明之象就能展示出来。）

（骏马图。

书画作品为离卦，主文明之象。

生肖马为午火，也是南方离卦之火。

骏马图挂于客厅，有奔腾向上的喻意，主事业兴旺发达。）

（龟壳属离卦。

把龟壳作为饰物摆放在客厅，可以补足南方缺角时造成的离卦欠缺。

另外，马生肖属于午火，所以枣红色、棕红的的木雕马，放置在南方位，也可以补足离火之气。）

（乌龟属于离卦。

养一只小乌龟当做宠物，就等于在家中养了一个离卦，可以明显改善南方缺角的问题。

家中的小朋友如果命理五行缺火，也可以养一只小乌龟，既培养爱心、增加童趣，又起到旺运、化煞的效果。）

（大红灯笼，离卦。

大红灯笼充分体现了离卦光明、吉祥的含义，对于南方离卦位缺角的人家来说，在门前或阳台上挂一对大红灯笼，既能补充离卦之气，也能增加家中的祥和、快乐的气氛。）

8．兑——正西（少女）

正西方位是兑卦位，代表小女儿、少女、未婚女子；兑卦五行属金，所以也代表人的肺部、呼吸系统；兑卦也代表人的表达能力、口才。

西方兑卦位缺角，卦气不足，那么如果家中有女儿，女儿的运气就会受到不利影响，如果有排行第三的女儿，那么老大、老二几乎受不到什么影响，缺角的风水不利会感应到三女儿身上，使三女儿处于衰运状态，健康、学业、工作、感情等方面处处不顺。

西方位缺角，还会诱发家有呼吸系统功能较差，比如经常感冒、肺炎、鼻炎、咽喉炎等。

兑为口，又五行属金，所以牙齿方面的口腔疾病都是兑卦的问题。

另外，兑卦为说，说就是人的表达、口才，所以西方缺角，人的口头表达能力差，不擅于沟通，性格偏内向。

兑卦的万物类象。

兑卦为少女、可爱的女孩。

兑为口舌、为口才、为表达、演讲能力，所以兑卦为歌手、老师、相声演员、评书演员、主持人等。

兑卦在形状上为上面有缺口，所以开口的杯子、壶、鱼缸、花瓶、坛子、铜鼎等都是兑卦。

兑为说、为声音，所以能发出声音的乐器为兑卦。

兑卦五行为金，又兑为缺口、缺损之物，所以开口、开叉，或者破损的金属物品都属于兑卦，比如张开的剪刀就是兑卦，只不过这属于有强烈煞气的兑卦。

在动物当中，有两只犄角的羊为兑卦，这是以形取卦。

在地理当中，泽为兑卦，沼泽之地、水草相融之地为兑卦。

兑卦又为医、卜、星、相等行业的人。

（开口的水杯、酒杯，都是兑卦。

因为杯子或酒杯都较小，所以它们的兑卦卦气较弱。）

（花瓶为兑卦。

如果户型西方位缺角严重，可以在家中摆放一对花瓶。

花瓶为兑卦，能补足缺损的兑卦卦气。

另外，兑为悦，愉悦之意，色彩与形状秀美的花瓶成双成对，有婚姻、家庭和美的喻意，所以对加强人际关系运与夫妻情感运都有较好的效果。）

（三足圆鼎，兑卦。

鼎为兑卦。

鼎有三足、四足两种；形状有圆形鼎、方形鼎两种；都属于兑卦。

鼎有稳定风水的效果、有加强权力掌控的作用。

家中西方位缺角，可以用一樽一二十厘米高的小铜鼎安放在客厅西方位；如果是办公室，可以放在办公桌上；既起到补足兑卦卦气不足的问题，又可以加强五行金气，还可以起到旺事业运、旺官运的效果。）

（四足方鼎，兑卦。

方鼎与圆鼎都主稳定与权威，所以会增加领导力与官运。

鼎为兑为说，所以也会增加人的口才与语言魅力。

摆放圆鼎会感应出人的机智与灵活性，而摆放方鼎会感应出人的正直与原则性。

另外要注意的是，鼎为兑卦，兑卦又主口舌是非，所以，如果在兑卦卦气对风水产生不利的时候，错误地使用了鼎，会增加兑卦的力量，轻者产生争执、口舌，重者产生官非、牢狱。

风水吉祥物，都是因需而用，如果不能做到这一点，反而产生了不足或过多的情况，卦气失衡，就会产生不利。

比如，如果户型的西方位凸出，兑卦之气已经过旺了，这时，就不能再摆放与兑卦有关的吉祥物，这时如果再摆放铜鼎，不但起不到鼎的

稳定与权威效果，还会使权力的欲望的彭胀，并因此产生口舌是非，严重的会给自身带来官灾或刑狱。那么象这种西方兑位严重凸出的户型怎么办？就是用五行生克制化的办法。过旺的兑卦之气，一是采用坎水之气化泄，二是采用离火之气克制，二种方法任取一种就可以了。）

（市政规划中使用的方鼎。

方鼎代表稳定、掌控、原则、繁荣。

广场为明堂，高大的方鼎为案山，形成地理环境风水中的明堂、案山组合。）

（三羊开泰，为三个兑卦。

羊的卦象为兑卦，同时羊在十二生肖当中的五行为未土，所以三羊开泰不但对户型西方缺角有效，还对命理需要未土五行的人有效。

三羊开泰来自"三阳开泰"，泰卦是易经六十四卦当中的一卦，名为"地天泰"卦。地天泰卦的六个爻位，从初爻到三爻为阳爻，从四爻到六爻为阴爻，体现出阳气上升，阴气渐消，春来万物生发的气象。

三羊开泰喻意人的运气开始好转，并会越来越好。）

第四节　房间功能选择有讲究

面对市场上形式多样、纷繁复杂的户型是否感到难以定夺？什么是好户型？什么样的户型最适合自己？在选择户型时应注意哪些方面？

一、户型朝向

户型朝向的选择通常以朝南为最佳，朝东西次之，朝北最次。

户型朝向主要考虑的是采光的问题，光线不足或者光线过烈都是不理想的，适度充足的光线，而且没有夏天午后阳光的暴晒，是选户型朝向时要考虑的问题。

相对来说，北方寒冷，户型朝南最佳；南方炎热，户型朝北，只要宽敞、明亮，通风好，也是很好的选择。总之，户型朝向，要根据地域的不同，根据周边环境而进行选择。

购房者在考虑朝向的同时，还应注意开窗时所面对的环境。如果站在窗前向外看，可以看到有别的楼角冲射、或者可以看到烟囱、垃圾站等形煞，这些形煞就会对家运产生不利的影响。

（客厅窗外可见垃圾回收站。
夏天时，回收站的废品发出难闻的气味，形成味煞。）

二、功能区划分

户型的演变反映出人们对生活质量要求的变化，从单厅单卫到双厅双卫，这种改变反映了套内各功能区细化的趋势，因此，在挑选房型时

要尽可能考虑到这种趋势。在有限的面积条件下，各个功能区应尽量细化，并避免相互间干扰，保持其相对的独立性。

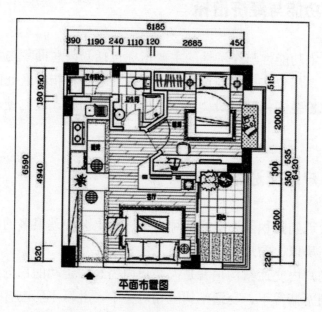

平面布置图

（一房一厅小户型功能区划分设计。

户型方正，五行与八卦完整，符合风水原则。

客厅与阳台相通，采光效果非常好。

卧室有大飘窗，采光很好。

卫生间自带一个小阳台，通风；有淋浴和浴缸。

此户型缺点一，适合普通职员居住，对官职升迁不利，原因是如果按上北下南左西右东的方位来划分八卦，西北方位乾卦位是卫生间，乾卦主男人的事业，所以，此户型风水很难在职场升迁到高位。

缺点二，卧室门偏斜，而且门冲床。门偏斜则做事容易走偏门，求财时的手段、道德感较差，财运不稳定。门冲床，则对主人姻缘情况不利，难以有稳定的情感。

此户型适合初在职场打拼的人，如果想要在职场升迁到高级管理职位，或者想要在近几年结婚的人，最好避免这种门卫生间在西北乾卦位，以及冲床的户型。当然，如果空间足够，可以在卧室门内加装一座半通

透的小屏风，化解门冲床的不利。）

三、功能与经济指标

反映住宅功能性与经济性的主要指标包括套内总面积与主要厅室面积的分配。购房者在衡量与选择时应正确处理各种指标之间的关系，应在有限的总价范围内取得最佳户型结构及实用面积，达到使用功能的最大化。

四、户内交通结构

经常会遇到面积差不多的两种房型感觉上会相差很多的情况，尤其是三房或三房以上的户型。

合理的户内交通结构也就是人在户内需经常走动的部分扮演着重要的角色。通常情况下，交通结构应相对集中，并以不影响各功能区的独立使用为前提。

五、空间的层次感

一个好户型每个房间的私密性与其功能应该是相辅相成的，并在总体上表现为一种依次递增的趋势。

在挑选住宅时可以参考这样的顺序：进户门、玄关、厨房、餐厅、卫浴间、卧室、主卧室。

层次鲜明的房型同样可使一套百余平方米的住宅富有空间层次感。

市场上颇受欢迎的复型就是将住宅设计由平面向空间延伸，通过一定的空间变化来明确各功能区作用，并使套内层次由二维变为三维。

（复式小户型充分体现了空间层次感。）

六、室内通风情况

对于住家来说，如果南北都有窗，或者东西都有窗，就会形成两方通透的情况，这样对居家通风非常有利。

要注意的是，只要不是门门相对，门窗相对，气流直冲而出就可以，如果出现南北通透但大门冲阳台的情况，可以在大门内加装玄关，这样既可以让南北通透而通风良好，又不会门窗相冲而形成风水上的漏财煞气。

第四章　大门的布局吉凶如何判断?

房子的大门与窗是纳气、采光的重要通道。

一个全封闭的空间，必定是死气沉沉，没有生机。

大门与窗纳入的空气，采入的阳光，才给了房屋勃勃生机，所以，门与窗的纳气与采光功能，是房屋风水非常重要的一项内容。

第一节　大门的装修格局设计

大门是生气的枢纽，住宅的门面，是内外空间分割的最外部标志，是气口所在，大门接纳外界的气息，犹如人体之口接纳食物一样重要。

门与内、外气的流动关系非常紧密，因为内、外气不能通过住宅坚实的墙壁，只能通过门口。外部大门影响外气进出住宅，而内部的门则对家里的内气影响非常大。那么，大门装修时，要了解哪些常识呢?

一、怎样选择大门的造型

首先得知道门的组成部分和门的类型。

根据大门的功能来分类，有平开门、推拉门、折叠门、弧形门等。

根据材料来分类，有木门、铁门、塑钢门、玻璃门等。

（普通的平开门。

家居当中的大门大多数都是这种类型的门。）

（别墅房常用的双开平开门。

房屋的大门要与房屋的大小比例适合。

屋大门小，纳气不足，就像人吃不饱一样，会渐渐使经济陷入困境；屋小门大，同样也是比例失调，造成住宅整体阴阳的失衡，会使家人做事盲目贪大、贪多而造成失利。）

（推拉门。

推拉门多用在室内，常常用来分隔厨房与客厅、阳台与客厅、走廊与客厅。材质多采用透明的玻璃，以保证光线充足。

推拉门最大的特点是节省空间，还能营造出室内如同墙体一样的隔断效果。

在风水的应用当中，因为推拉门当中的两扇都是可以活动的，所以推拉门可以改变门的位置，进而改变室内气场的流动线路，能使气流由直冲的不利，变为曲缓的有利，因此可以用来解决门门对冲、门窗对冲的风水煞气，成为家居风环境风水调理的一种有效方法。

在实践当中，这种风水改造，应该从毛坯房就进行风水勘测与设计，才能形成整体协调的风水布局。

如果装修之后发现问题再进行改造，常常会因为墙体内铺设的电器、宽带、水管等线路问题而使改造难以施行，强行改造的话，很多原有的装修要推倒重来，会造成不必要的浪费。）

（折叠门。

折叠门在室内营造出一种动感，使空间充满活力。

但只有大户型的房子才有足够的空间采用折叠门。

在折叠门的顶与底部装上轨道就可以成为折叠推拉门，这种门能使家居的空间感更为立体，使室内空间显得更加宽敞、大气。）

（弧形门。

在家居中，弧形门常用在小户型当中。

为了在住房当中增加一个功能区，以弧形门占据一角来隔断出一个独立的小空间。

如图所示，是在单间房中，以弧形门隔断出一个独立的卫生间。卫生间采用了弧形门与透明的玻璃。

从风水原则来讲，既使只是单身居住也不合适用完全透明的玻璃。因为卫生间是私密之地，也是排污之地，可以有小窗口通风，但不可以透明。如果卫生间的墙体透明，就会逐渐感应到个人的私生活，变得不检点，滥桃花会非常多，结果必然导致对情感、婚姻的不利。

基于采光的需求，这类卫生间可以采用磨砂玻璃，既可以采到光线，又可以避免隐私外泄。）

（商家常常选用弧形门，弧形门凸出，有主人迎客之意。）

其次，针对不同用途的门在满足功能、使用舒适的前提下，再进行风格造型设计。

在进行门的造型设计之前，必须先对原居室内的风格进行主题创意，然后在整个空间中审视门的位置、所占区域的比例，进行物件之间

的黄金比例分析。由此推出门与门、门与墙、门与顶、门与地之间的色彩关系、造型关系、空间关系。

最后，在确定了门的色彩、空间、造型的前提下，再来做具体工作，如确定门锁的位置、门框的尺寸以及在门扇上做更细致的设计。

只有如此，门的造型才会融为房子空间的一部分，显示其应该表现的作用。

二、大门的高度尺寸格局

1．大门的档次有讲究

不要安装与身份不相当的大门。

大门与住宅是一体的，住宅的档次与自身的经济条件与社会地位相对应，因此，倘若建筑超过身份的奢华型大门，就容易使家人行为处事不当，常处于辛苦与虚荣当中，也会给日常生活与工作带来诸多麻烦。

2．大门高低有讲究

住宅大门跟格局要协调，大宅大门，小屋小门。

大门的高度通常以 2.15 米左右为好。

太高的门不实用，令室内气场不稳；太低太小的门则显得闭塞，旺气进不来，影响家运。

气场从门而入，屋大门小会使气流闭塞，旺气进不来，百事不顺；屋小门大则会泄气，泄气就会散财。

门楣不能太高，门楣太高，进出时会习惯向上看，有爱慕虚荣，喜欢拍马屁的心理暗示，处理事情眼高手低。

门楣太高，甚至高于天花板，这样的格局时间一久就会造成家中人口越来越少。

3．大门尺寸的风水吉凶

鲁班尺是测量门窗尺寸吉凶的工具。

　　鲁班尺的尺面上共有三行数字，第一行是"寸"，是中国传统的尺寸；第二行是鲁班尺，用于测量阳宅尺寸吉凶；第三行是丁兰尺，用来测阴宅尺寸吉凶；第四行是厘米，现代度量。

　　鲁班尺与丁兰尺都标有吉凶，测量时只选用吉的数字、避开凶的数字就可以了。

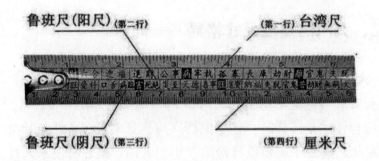

（鲁班尺的应用说明之一）

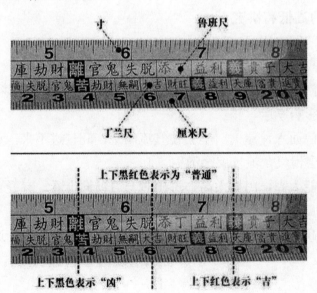

（鲁班尺的应用说明之二）

4. 大门尺寸不好如何化解？

门框内的高度和宽度，用鲁班尺来测量，如果测出的数字是黑色，是风水尺寸不利。如何化解呢？可以加高门槛，重新使门的高度符合红字的尺寸。

宽度如果为黑字，在不能改门的情况下，可以在门槛底下安置一组五帝铜钱来化解。

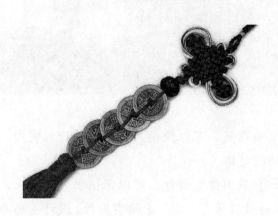

（五帝铜钱。

当大门有风水问题，而又无法改造时，可以在门槛下方放置五帝铜钱来化解。也可以在门侧挂五帝铜钱来化解。

五帝铜钱就是"顺治、康熙、雍正、乾隆、嘉庆"五种铜钱。）

三、大门与客厅之间的风水

大门是气口，客厅是明堂。从气口到明堂，是纳气的流动线路，曲缓为吉，直冲不利。

如果大门、客厅、窗子或阳台，形成一条直冲的通道，气流直直而出，就变成漏财的风水了。

大门与客厅设置玄关或矮柜遮挡，使内外有所缓冲，理气得以回旋后聚集于客厅，住宅内部也得到隐蔽，外边不易窥探。

住宅内部隐蔽深藏，象征福气绵延。

（进门处的玄关设置，可以使纳入之气曲缓进入室内，避免直冲，形成曲水入明堂的旺财格局。

玄关的上半部分采用镂空设计，可以保证玄关处的采光；玄关下部的箱体设计，可以存放鞋子等物品；兼顾实用性、设计美感与风水原则。）

（这是一间小户型。大门、过道、客厅、卧室门、卧室窗，在一条直线上，形成穿堂煞，是漏财的风水。

要在大门与客厅之间加装玄关或屏风进行隔断，考虑到采光问题，

可以用镂空或透明的材料设计玄关或屏风。

玄关或屏风的隔断可以起到让大门所纳之气曲缓进入明堂客厅的效果，把原来的败财风水变为蓄财风水。）

第二节　大门外要避免的不利环境

大门是家与社会之间联系的枢纽，也是家的颜面。气从门口进入，就好像是一个人的嘴巴、鼻子一样，是饮食呼吸之处。所以，大门外的区域或者大门正对的区域会对门的纳气功能有较大影响。

一、大门不宜正对楼梯

如果大门对着的楼梯是向上的，相当于出门上山；在风水当中，前高后低的格局是破财格局。

但在现代公寓楼当中，门前会有一块公共的走廊空间，如果楼盘设计较好，这块公共的空间较为宽敞，就会在门前形成一小块明堂，减弱出门对着上坡楼梯的不利。

所以，我们在购房与租房时，要留意门前是否有一块较为方正、宽敞的走廊空间。当然，避开正对楼梯是最好的选择。

如果大门对着的楼梯是向下的，相当于门外的外明堂倾泻，赚了钱很容易耗费掉，也不利财运的积蓄。这时如果自家的房门没有门槛，会加速财气的流出，那么加装一道门槛，就可以拦住从自家客厅流泄而出的明堂之气，就可以明显减轻这种不利。

（出租屋的大门正对上坡楼梯。

门前走廊空间狭小，只够打开房门，所以主求测艰难，财运较差。

如果门外的走廊空间有二个门宽度，财运就会好很多；有三个门宽度，上坡楼梯的不利影响就会被明显削弱。

如果身在职场，想要找一份财运好些的工作，要避免租这样的房子。）

（这座公寓的单元门也正对上坡楼梯，但因为公共的走廊地面的空间方正、宽敞，所以还是能给家里积蓄到财运。

对面的楼梯并不过分陡峭，所以对财运不利的影响较为轻微，只有在楼梯方位的五行临太岁当旺时，才会在那一年产生较为严重的耗财影响。

化解的方法也是把过底的门槛加高一些，这样就会把门内与门外的明堂明显地界分开来，如果室内客厅较为宽大，有客厅这个内明堂蓄财的作用，也会有不错的财运。）

（房门正对下坡的楼梯。

居室门外的地面空间为外明堂，也主财运，外明堂如果有大坡度的倾泻，主退财。

遇到这种情况，也要看门外一块走廊的地面空间，如果有两到三个门的宽度，那么就能缓解一部分下坡楼梯造成的不利。

如果门外一块走廊的空间，不到两个门的宽度，外明堂狭小，再加上楼梯倾泻，就主严重破财了。

解决这个问题的办法，就是一定要给房门加装门槛，使室内客厅的内明堂与门外走廊的外明堂隔断开来，这样就能起到有效的缓解作用。）

二、大门不可正对电梯

如果电梯正对住户门，很难保证家居的私密性，进出时总有一种被监视的感觉。同时，上上下下的电梯也形成了不断切割的磁场，会影响居住者的健康。

（房门对电梯，是犯了开口煞。

电梯升降以及开关带起不稳定的气流，对家门纳气产生不利影响。从而对家人健康不利，还容易发生各种意外的麻烦。

用什么办法解决呢？解决气流、气场的不稳，可以在门内挂珠帘，起到缓解作用；另外，大门内侧一定要设置玄关或屏风，这样就能使不稳的气场，在玄关与门之间得到缓和。

其实这种由外力决定的，自家不能改变的风水问题，最好提前预防，不买、不租住这样的房屋。

其他不能解决气流稳定的方法，比如在门内挂中国结、挂五帝钱之类的方法，都不能解决开口煞的问题。

现在的一些大的地产开发商也逐渐认识到风水的重要性，会请风水

师帮助设计楼盘，所以现在大的楼盘，这类明显的风水问题已经很少出现了。

风水问题，一定要知道其中的原理，为什么不好，原因是什么，它的形势格局原理与五行生克的理气原理是什么，它内在阴阳、动静的平衡情况是什么，知道了这些，我们就能找出对症的化解办法。）

三、大门不宜正对长直的走廊

大门不宜正对长直的走廊或通道，尤其是狭长的通道直冲房门，这是风水中的枪煞。

在风水中有"一条直路一条枪"的说法，这是因为狭长的直路带来直冲的气流。房门纳入过急的气流，结果必然影响家人的健康与财运。

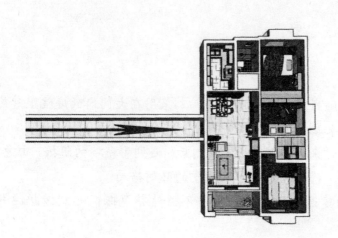

（直冲房门的长直走廊为枪煞。

走廊短，则影响小，走廊越长，影响越大。）

（影壁墙。

　　过去的宫殿或大户人家的宅院，都采用在大门内的庭院里建影壁墙的方式来化解来路对大门的直冲。

　　外面大路过来的气流，进入院内后，遇到影壁墙的阻挡，由急变缓，曲而转入庭院，符合风水曲水入明堂的旺财格局。

　　影壁墙的建造，使庭院与主房不被外界窥探，起到保护隐私的作用。）

（学校内的影壁墙。

大路通过校门直冲教学楼，所以在楼前建影壁墙截住路冲，使急来的气流变缓。

这种风水设计，有利于减少学校的意外伤害事故，有利于使学校师生避免过激行为，有利于师生之间师友关系的建立，也有利于学校教职员工的事业运、财运。

从教书育人的角度讲，一进校门就看到学校的励志标语，有利于激发老师的教学热情，也有利于鼓舞学生努力向上的心态，形成一种积极进取的教学氛围。）

对于个人家庭来说，因为空间关系，不可能建影壁墙，但依据相同的风水原理，我们可以用玄关或屏风、珠帘来发挥出影壁墙的作用。

如果是大户型的住房，遇到这种情况化解起来比较容易。因为大户型的住房，客厅较大，很容易在房门里面设置玄关，可以令急冲的气流在玄关处得以缓解，使风水中的急来之水变成曲缓之水，最后流入室内客厅明堂积蓄，形成旺财风水布局。

但如果是小户型或者中等户型房的住房，客厅较小，而且大门内侧往往是卫生间或厨房，无法安设置玄关或屏风。因为如果非要设置玄关，就会把从大门进入到客厅的路堵上，所以只能退而求其次，加装高一点的门槛，以缓冲延地面而来的直冲气流，但中上部的直冲气流却难以得到缓解。还有什么办法呢？在门内加挂珠帘，这样进出大门的时候，有珠帘遮挡直冲的气流，也会减弱直冲的不利。

（这是由三房二厅改造成的出租屋。

　　如图三个出租房间，图片上正对面的房间有长廊直冲，并与大门正对相冲，所以这间屋的风水较差，是退财屋，主工作不稳定、失业、破财。）

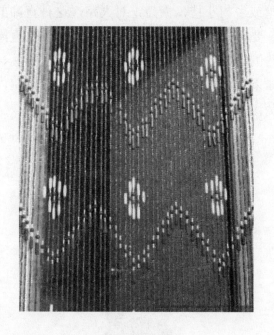

（在大门上挂珠帘，可以缓解直冲的煞气。）

（在门内玄关处悬挂珠帘进行隔断，也可以缓解直冲的煞气，而且还能给居室增添动态的、朦胧的美感。）

如果是别墅或乡村小楼，大门正对大路，这种直冲的煞气可比楼盘中的走廊严重。要在门侧摆放"泰山石敢当"来抵抗直冲的煞气，同时也可以在门的两侧摆放大叶观赏花木，或种植环形树丛、花丛来化解这种风水不利。如果有较大的庭院，最好在进门之后的院内，建影壁墙，就基本可以完全化解这种路冲带来的煞气。

（过去的老宅大院，把泰山石敢当封在墙体里进行挡煞旺宅。）

（现代的泰山石敢当，用泰山石刻制，摆在路冲之处用以挡煞旺宅。）

四、大门外区域不宜有杂物

大门外的一块区域是外明堂，对财运影响很大。

推开门来，视线应敞亮。

门前不要堆放任何障碍物，要有能够自由行动的空间，每天进出大门才会有舒畅通顺之感，气流才能顺畅。因此，要保持宅前的环境干净，偶尔在宅前洒点水，增加空气中的湿度，这样有利于形成宅前的好气场。

如果门口空间较小，可以通过在门口设置灯光或通过用浅色调装饰来进行视觉上的调整。

有些人家在大门两侧堆放一堆杂物，或摆放一堆鞋子，把外明堂堵塞，影响财运。

（门口杂物成堆，堵塞外明堂，长时间不清理就会令家中财运变差，也会令自家人在处理外部事务时，经常遇到毫无头绪、麻烦不断的情况，难以做到清晰、简明、高效的完成一件事。）

第三节　房门内的布局宜忌

一、入门宜三见

1. 开门见红

也称开门见喜。

一进门就见到喜庆的、或者红色的墙壁或装饰品，放眼给人愉快、温暖、振奋的感觉。

（开门见红。

红色的镂空大屏风使居家显得高贵、大气。

红色五行属火，所以对于命理上需要火五行的人最为适合；如果命理火五行为忌神，最好不要采用红色为家居的基本色调。）

（开门见喜。

红色调的玄关，前设吉祥座，座上摆风水吉祥招财大象，喻意家运兴旺，财源滚滚。

大象是风水招财常用的吉祥物。

图片所示的大象摆放方向是错误的，大象鼻子吸水、吸财，所以象鼻不能对着墙，而应外转九十度，以玄关的墙体为靠山，正对大门的方向，这样才能把室外的财气吸到家里。

一般情况，用大象做吉祥物时，最好采用一对大象，除了招财之外，还有助于夫妻感情；如果采用一对子母象，有小象在大象身边嬉闹，更能增加父母与孩子的亲和力。）

（子母象。
招财旺财与融洽亲情两者兼顾。）

（情侣大象。
招财与姻缘兼顾。）

2．开门见绿

即一开门就见到绿色植物，生机盎然。

如果玄关处较为宽阔，可以设计把植物摆入在大门与玄关之间，只要一回到家，开门见绿，忙碌一天的紧张心情立刻就舒缓、宁静下来，有利于家人的休息与健康。

（开门见绿。

进门玄关处摆放绿色植物，一进家门就看到清新的绿色，给回家的人以轻松、舒适的感觉。

对于命理需要木五行的人来说，开门见绿，能更好兴旺自己的家运。）

（开门见绿。

中小户型也可以在简易玄关处摆放绿色植物，给室内增加一点活泼的生机。）

3. 开门见画

如果开门就能看到一幅雅致的图画，令人赏心悦目，不但能体现居者的涵养，还能缓和一天工作之后的疲惫。

（开门见画。

字画可以提升家居的品位，令家居环境清新而雅致。

字画在八卦当中属离卦，离为光明、文明之象，有助于提升人在名气与影响力方面的运势。

字画为离，也可以弥补户型南方缺角的不足。）

二、入门三不宜

1. 开门见灶

炉灶主饮食，与人的健康息息相关，所以大门冲厨房，甚至冲到炉灶，主家人健康状况不佳，常常生病，并因此破财。

（开门见灶，是不利家人健康的风水。

如果大门正对厨房门或正对炉灶，在风水上更为不利。厨房属火，门冲则火气过于旺动，使家人情性暴燥，也对心脏健康不利。

在房子装修动工之前的设计中，要避免出现这种情况。）

（以储物柜隔断了厨房与房门，形成两片独立的空间。

中空的储物柜设计使进门处形成玄关，而且围成了厨房相对独立的空间。

这是把家居装修与风水环境有效结合的范例。）

2. 开门见厕

开门见厕，一进门就看见厕所，不利于个人隐私，尤其不利于泌尿生殖健康。

按照风水"天人合一"的理论，住宅的整体构造就有如人体，大门纳气如人之口，卫生间排污如人之肾。所以，当大门冲了厕所，这样的住宅入住时间越久，越会感应到人体，会严重影响人的健康，使人的肾功能、泌尿生殖功能出现疾病。所以，开门见厕，是非常差的房屋风水格局。

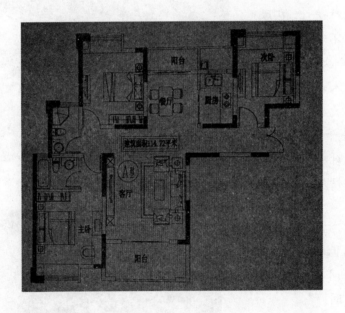

（开门见厕。

大门正对厕所门。

厕所在风水当中，一是代表家庭的隐私，二是代表家人的泌尿生殖健康，三是代表居住者对待男女情感的态度。

大门冲厕所，这种风水会感应出情感杂乱不专与滥情，家丑的外扬，以及生殖泌尿方面的疾病。

如图，走廊看起来不太宽敞，而且进门一侧就是一间卧室，所以入门处没法设玄关或摆屏风了。可以在客厅与餐厅之间做一个小型的屏风柜，下半部是柜体，上半部是镂空的屏风，把这个屏风柜放在大门与厕所中间，位于客厅与餐厅之间的位置上，只要大小合适，就可以起到既解决风水问题，又增加居室美感的作用。）

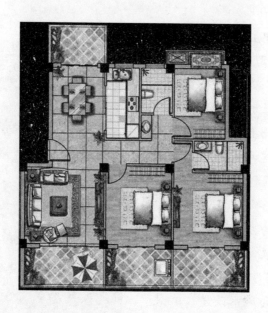

（开门见厕。

如图，大门在左侧，卫生间在右侧，两者在一条直线上，两者之间是长直的走廊。一进入家门，就会看到对面的厕所门，这就是开门见厕。

这样的户型在日常生活中时常会遇到。

厕所主个人隐私，又主人的生殖系统，以及与性有关的内容，所以开门见厕一是不利健康，尤其是生殖功能与性功能，二是家中的人在这种风水感应下情感不专一，容易招惹滥桃花，对婚姻情感不利。

改造的方法，进门之后，在大门与厕所中间一定要设置玄关，或者摆放屏风。

如果过道狭窄，摆不下屏风，就要在厕所门上挂珠帘，并在厕所门侧挂葫收煞气来进行缓解。）

3. 大门正冲主卧门

主卧室是一家的主人睡觉休息的地方。人的一生有三分之一的时间在睡眠中度过，良好的休息是生存与健康最重要的基础。

如果主卧被大门直冲，必定会对健康产生不利影响。如果再被冲到床，还会对婚姻情感产生不利。

（大门直冲主卧门。

从这个户型平面图可以看到，进大门后，是一条长直的走廊，主卧在房子的尽头，主卧门被大门直冲；而且，主卧卫生间的门冲到床；这两点都会对房主人的健康产生不利影响。

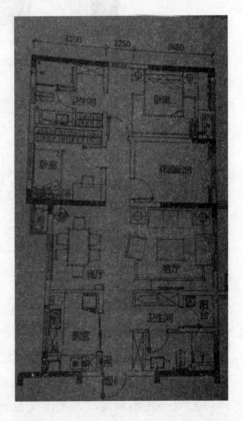

这种户型格局，在选房时要注意避开，因为房子的格局是固定的，即使是装修时想改变也较难，还会多花不少的费用。

这个户型的风水改造，在装修时可以考虑在客厅与餐厅中间加一个立柱或立柜式的镂空屏风，既可以美化、装典大厅，又可以在半高的立柜中储物，立柜上方的镂空屏风还可以起到化解大门与卧室门相冲的风水问题。

卧室的卫生间也要改造，在毛坯房时，就要改造厕所门，使之不正对冲床。

如果装修已结束才意识到这个问题，只能通过挂珠帘进行缓解。

另外还有一个严重的风水问题，一进门，一边是厨房，另一边是厕所，厨房门与厕所门正对，这是水火相战的极差风水格局，相当于人体

的心肾不交之症，时间久了，家中人特别容易得上一些不容易治好的疾病，尤其是是心脏与泌尿系统方面的疾病。在风水中，厨房对应心脏，而卫生间对应泌尿系统。

这个案例说明，在买房之前多学点风水知识非常必要。）

三、"前空后实"是富贵的风水格局

住宅风水与地理风水的道理完全一致。

在地理风水中，背靠山坡，面向平原，有水环抱，是好风水；在住宅风水当中，因为没有山，那么专业风水师的原则是"前空后实"，这是一条非常重要的风水原则。

"前空"就相当于前面是明堂，"后实"就相当于后面有靠山。

前空，就是客厅这个明堂要位于住宅的前方；后实，就是各个卧房在住宅的后方。

前空后实，前轻后重，这样的风水格局才让家运稳定上升。

一进大门就是宽敞的客厅，而厨房与卫生间位于客厅后面的两侧，再后面是卧室，这样就符合了"前空后实"的住宅风水最重要的原则。符合了这个原则，即使其他方面有些不尽人意，也会是事业兴旺、财运亨通的风水。

如果一进大门，大门的左右两侧被厨房或卫生间占据，只剩一条走廊，而客厅被挤到中间或后面，入门的明堂被侵占，这个住宅的风水就变得很一般了，谈不上是好的风水屋；如果再有其他的风水缺陷，很容易变成财运不稳定的风水。

当然，凡事要变通，如果进门一侧厨房，但另一侧就是宽大的客厅，客厅的面积是厨房的三倍以上，整个房子看起来还是前空后实、前轻后重的格局，也是非常聚财兴家的风水。

前空后实、前轻后重，主要看套内各个功能房间整体的对比、整体的格局。

还有一些房子，形成进门后左空右实、或者右空左实，但只要进大门后直接与大客厅相连，形成进门即接入宽大明堂的效果，也是很不错的格局。但是因为客厅这个聚财气的明堂不在正前方，而是在左侧或右侧，所以这类明堂聚来的财，往往是偏门行业聚来的财。偏门行业就是不在社会主流价值观内的行业。

　　前空后实、前轻后重的风水原则还有一层含义，就是住宅的格局，以"大客厅小卧房"的比例为最佳。就是一座住宅，在整体看起来，前空的面积比后实的面积大，这样的住宅格局最聚财。如果客厅小，而房间大或房间多，明堂狭小，没有聚财的空间，自然难以有富贵的家运。

　　（前空后实格局。

　　进大门后直接进入客厅。

　　客厅和餐厅相连，构成入门后宽大的明堂。

　　厨房在大门一侧，与餐厅相连，但因为客厅与餐厅相连，整体上明堂宽大，是厨房面积的数倍，所以最终形成前空后实的旺财格局。

　　如果是小户型，厨房也在门侧，但因为客厅狭小，面积不能达到厨房两倍以上，就形不成前空后实的旺财格局；如果客厅的面积还比厨房小，这时的厨房就起到堵塞明堂的作用，使求财变得艰难。）

第五章　窗户的"纳气旺运"功能

　　风水学讲究"纳气"，住宅纳气是通过大门与窗户来实现，所以大门与窗户是住宅纳气的重要通道，关乎一宅之吉凶。

　　现代家居与古时的家居已有所不同，古时家居，大门几乎是纳气的唯一通道，而现代家居，由于窗户的换气、采光功能已占据主导地位，所以，大门虽然也是对吉凶产生重要影响的纳气口，但窗户所纳之气也同样对宅运的吉凶产生极大影响。

　　并且，通过命理学与风水学的综合实践，我们发现，大门与窗户所纳五行之气是有差异的、有规律的，这个风水秘诀成为命理风水学中重要的阳宅吉凶推断法与改运法。

第一节　窗户采光决定居室的阴阳平衡

　　一座房屋，只有采光充分，白天时室内光线明亮，才能使居室具备充足的阳气。

　　如果没有采光的窗户，或者窗户被室外其他建筑阻挡，或者窗户狭小，使室内光线昏暗，那么时间一久，房间缺少阳光的照射，就会变得阴暗潮湿，阴气极盛，形成阴盛阳衰的气场，严重影响居住者的身心健康。

（狭窄的楼间距，使窗户都被邻居遮挡，窗户的采光功能难以正常发挥，室内必定昏暗，形成阴盛阳衰的不利风水气场，成为风水上较为衰运的房屋。）

（房间窗户太小，采光功能受限，形成阴盛阳衰的气场。）

（没有窗户的客厅。

有一些小户型，因为楼盘的整体设计安排，只有卧室有窗户，而进门的客厅没有窗，如果不开灯的话，大白天也是一片昏暗漆黑。这种房间的风水肯定是阴气过盛，尤其客厅是明堂聚财的地方，明堂昏暗而不明亮，财运也会渐渐困顿。

从心理学上来说，客厅是在家中休闲的地方，没有窗户的客厅，没有采光与通风，只能靠灯光照明，给人一种憋闷的感觉，时间一长，住户就容易头晕眼花，处于烦躁的状态，对身心健康不利，进而影响到事业财运方面。）

（没有窗户的卧室。

　　这是一间套房中的次卧，没有窗，采光与纳气全部依靠房门，所以在房间不开灯时漆黑一片，在屋内待久了，会让人非常憋闷。

　　为了改善这一状况，房间内颜色采用了纯白色做底，用棕色的床垫形成色差对比，并加装了更多的白色灯光。

　　但这样的房间并不适合久居，因为这种围困憋闷的空间，会令人的运气变衰。）

　　（窗户采光好的卧室。

　　有一扇明亮的大窗，使室内采光充分，居屋光线明亮而通风，使人感到舒适、轻松，在外工作的紧张与疲惫能在家中得到充分的缓解。）

第二节　二十四山门窗纳气布局要诀

　　不同的方位，具有不同的五行之气；不同朝向的窗户，也能吸纳不同的五行之气。

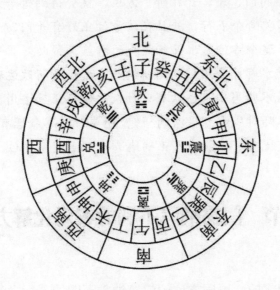

（八卦二十四山方位罗盘。

按地图方位排列：上北下南，左西右东。

把八卦八方的每一方位再分成三分，八方共分成二十四个方位。

二十四个方位，每个方位对应一个天干、或地支、或卦象；这样，每个方位都有了属于自己的五行。

罗盘简图方位干支卦象五行属性说明：

正北坎卦，壬、子、癸三方均属水。

东北艮卦，丑、艮均属土，寅属木。

正东震卦，甲、卯、乙三方均属木。

东南巽卦，辰属土，巽属木，巳属火。

正南离卦，丙、午、丁三方均属火。

西南坤卦，未、坤均属土，申属金。

正西兑卦，庚、酉、辛三方均属金。

西北乾卦，戌属土，乾属金，亥属水。

我们居家开的门、窗，开在哪个方位，就会得到哪个方位的五行之气；如果我们需要哪个五行，并且在该方位正好有开门、开窗，那么恭喜您，您得到了这个方位风水五行之气的增益、帮助。

这是专业风水师才会用到的门窗纳气、方位五行改运秘法。

即使在专风水师当中，也只有少数人才懂得正确运用。因为这种方法不仅要求风水师对风水有很深的研究，还要对八字命理有很深的研究，两门学科都比较优秀，才能为人正确地选择旺运门窗方位。）

第三节　门窗纳气不利的布局化解方法

门与窗是纳气的，不同方位的门窗纳入不同的五行之气，对居住的人产生不同的影响。

如果我们能够请风水师或命理师量身订做的话，提前通过卦理分析或命理分析，就会知道对一家之主来说，最需要什么五行，这样，我们在买房的时候，就可以选择有利于我们家运的门向与开窗方向，纳入对我们有利的五行之气。

如果我们已经买了房，发现某个门或窗的方位所纳五行之气是对我们不利的，就要通过五行生克制化的办法缓解这种情况，变不利为有利。

下面举两个实例进分析，尽量做到简明、清晰，让大家了解这方面的情况，并能把这种方法应用到自己的家居风水调整当中。

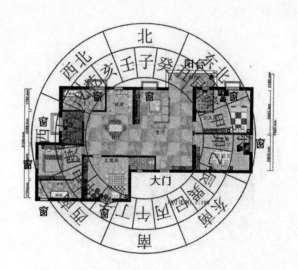

（房门、窗、阳台纳气二十四山方位图。

我们的家，通过门窗与阳台，纳入了哪些五行之气，哪些是对我们帮助最大的，哪些是影响较小的，哪些是对我们最不利的，都一目了然。

如果这户人家的一家之主命理官星为喜用神，而且是火五行，那么，大门开在巳丙火方，就可以纳入巳火与丙火的官星之气，增加主人的官运；东北方位的主卧室，窗户开在寅木方位，寅木生巳午火官星，寅木为财星，财官木火相生，财官两旺，事业兴旺。

因为现代住宅，大多是开发商已经建好的，所以在买房时，除了选择符合基本的风水原则的户型之外，有更高要求的人，可以请专业风水师帮自己选择对自身运气有利的开门、开窗方位，把风水旺运的效力发挥到最大。

在具体操作当中，很难做到十全十美，所以，在我们最需要的五行方位，有门或有窗，纳入对我们帮助最大、最有效的五行之气，就非常好了，其他的窗户方位，只要符合我们讲过的基本风水格局就可以。

当然，如果经济条件非常好，可以有更多的选择，那么可以再加一

条，就是对自己最不利的某个五行方位一定不要有门，也不要有窗。）

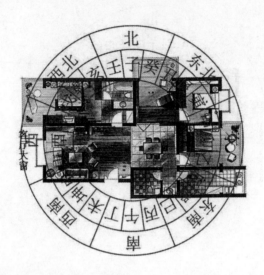

（客厅大窗在西方庚、酉、辛位。

如果家主人在八字命理上金五行为忌神，火五行为喜用神的话，如图，大门开在丁火方位，起到了旺运效果，但客厅大窗在西方位，纳入了不利的金五行之气。

这种情况如何化解？

我们前面讲过，风水化解的终极奥秘就是五行的生克制化，所以，金五行为忌，就用水来泄金，再用木来泄水，形成金——水——木连续相生的通关布局。这样就可以把对我们不利的金五行，转化成对我们有利的木五行，最后木去生火，生助我们最需要的火五行，最终形成不利的方面减弱，有利的方面增加的风水吉祥布局。

在客厅里放鱼缸养鱼，就有了水五行；在客厅里摆放大叶观赏植物，就有了木五行；两者皆备，就形成了水木相生的风水布局，既美化了家居，又解决了风水问题。）

（水培富贵竹。

摆放在西方位，形成金——水——木连续相生，让一部分金五行转化成木五行，可以缓解西方金气过旺的不利情况。）

第四节　利于纳气的窗户设计

窗户和门一样，吸纳自然光线和空气进入室内，它使人们同外界保持适度的距离，获得独立性和安全感，又透过它与自然界连接在一起。

我们常说"眼睛是心灵之窗"，失去了眼睛等于失去了一切希望，而屋子的窗户就如同人类的眼睛一般，在家中扮演着不可或缺的角色。空气与阳光是人类赖以维生的要素，若长期呼吸不新鲜的空气或处于光线不足的环境中，则容易生病或精神不济，而现代家居中，窗户则发挥了这一重要功能。

一、窗户数量要适中

窗户可以保证家庭的内外之气自由流通，但如果窗户太多则会扰乱平和气场，居家生活容易紧张，难以松弛，要避免在同一排有三个或三个以上的窗。反之，如果窗户太少，内气抑郁其中，无法吐故纳新，也不利于居住者的身体健康。

二、窗户大小要适中

窗户最忌狭小，因为这样装导致采光不足。

在南方地区，因为一到夏天下午的时候日照特别强烈，所以西南方、正西方不宜有过大的落地窗，因为夏天强烈的阳光会使室内光线过于刺目，室内温度急剧升高，即使挂窗帘也不能完全解决这个问题，使用空调也会加大耗电量，而且不利空气的流通。

在南方地区，如果客厅朝东、朝北，大的落地窗可以很好的采光，弥补因为朝向而导致的采光不足问题。

过去北方的房子，因为冬天保暖的需要，北方尽量不设窗，或者北方的窗子较小。现代住宅则不存在这个问题，冬天室内供暖解决之后，北方的窗子完全可以大小适中，既利于采光，也利于通风换气。

三、能完全打开的窗户最佳

房间内空气好，生活在房间内的人精神才会好，才会有助于事业和学业的进步。

窗户的设计可决定气的流通。向外开的窗户更有利于气体的流通。

窗户最好能完全打开，使清新的空气能顺利进入室内，使室内浑浊的空气也能够顺利排出。

当窗户打开时最好没有任何阻碍物妨碍气的流通。

四、窗户的高度要适当

窗户的顶端高度必须超过大多数居住者的身高，这样既可增加居住者的自信和气度，在眺望窗外景致时，也会感到分外轻松。

五、窗户的形状要对称

最常见的窗户形状有方形窗、拱形窗、圆形窗等常见的形状，最主要的原则就是整体形状对称。

圆形或拱形的窗户给人如教堂般宁静安详的感觉，适合装设在卧室、玄关和休闲室；方形窗则给人振奋肯定的感觉，适合用在餐厅和工作场所。

六、最忌大门对窗户

有一些家居户型，大门正对客厅窗户，或者大门正对阳台，或者大门与卧室的门窗在一条直线上，这种情况，因为门窗正对，形成气流直进直出，大门所纳之气不能在客厅明堂积蓄，形成漏财的风水格局。

如果户型足够大，可以在门内设玄关，使气流曲缓进入客厅，起到聚财的效果；如果户型为中等，没有面积设玄关，可以用小型的镂空的屏风代替玄关，也有很好的效果；如果是小户型，客厅小，没有地方设玄关，也没有地方摆放屏风，那么最好不要选择这样的住房，如果已经买了的，在门与窗一条直线上，可以把窗子改成两扇错位横拉式的，与门的中线正对的那一半窗关闭，只开另一半，也可以起到部分缓解的作用，另外在门或窗上挂珠帘，或在窗上安装纱窗，也可以起到缓解这风水的不利作用，而且也不影响采光。

（大门正对客厅的窗。

大门正对窗，气流直入直出，不能在客厅明堂积蓄停留，形成漏财风水。

在大门内加装镂空的屏风，可以起到让纳气曲缓进入客厅明堂的聚财作用。）

（镂空屏风隔断化解大门与窗对冲。

大门正对阳台窗，形成漏财风水。

在大门与阳台之间，以下实上虚的镂空屏风形成隔断；屏风下面的柜子兼具墙体、储物、风水隔断三种功效，上部的镂空屏风兼具空间隔断、美观、风水化煞三种功效。

屏风隔断，有效地把不利的漏财风水变成聚财风水，既把家居空间隔断，使空间层次更为丰富，但又不影响整体空间的通透感，做到了风水与美观的统一。）

七、窗前宜宽敞没有遮接

窗前视野宽广，没有阻碍视线的高大建筑物等为宜，这样才能顺利的采光和纳气。

推窗而望，也不会有压抑感，而且空气更流通，对人的身心健康都有好处。

如果窗前的空间不但视野宽阔，更有水池、公园、球场、湖泊、海水等，就更为适宜了，还可给你带来好运呢。

（窗前是绿地花园可以让居住者神清气爽，一是视野开阔，二是空气清新，这两点对全家人的身心健康极为重要。）

八、窗前忌见风水形煞

风水形煞是指诸如垃圾堆、水坑、楼角冲射等，这些恶劣的外在环境在视野中出现，就会对居住在室内的人产生不利影响。

垃圾堆、水坑会对人的健康产生不利，楼角冲射会使人产生伤灾或手术等意外灾难。

所以在买房时，要特别留意窗外的风水环境，因为这些风水环境是固定的，无法改变的。即使我们有风水化解方法来减轻这些不利，但这种固定的风水煞气只要存在了，就难以完全根除，会给以后的居住时间带来长期的麻烦。

（窗外正对面的楼角冲射。

楼角冲射是非常强烈的煞气，轻者破财，重者伤灾、开刀。

化解方法，在窗框上方挂八卦凸镜反射。

化煞原理，楼角就像一把劈来的刀，而八卦凸镜就是带着八卦气场的盾牌，用以挡住并反射楼角冲射的煞气。）

（八卦凸镜。

八卦卦象形成八卦能量场，凸镜能反射尖角、墙角、屋檐等锐角煞气的冲射。）

（太极八卦凸镜。

凸镜的镜面由太极图构成，具有更强的化煞能力。

有的镜面，太极图是平面的，这类平面的太极八卦镜不适合用来化解尖角煞气的冲射，但对杂乱、昏暗的气场具有较强的化解作用。）

第五节　高层住宅落地窗的隐患

在现在的许多新型楼盘中，为了提升楼盘的卖点，往往做成景观楼的模式，将整个楼面一侧的房间造成落地玻璃墙的形式，以便能让住户们感受周围优美风景，以提升楼盘品位。但在一味追求风景美观的同时，会有一些居家格局的缺陷留在其中。

一、玻璃墙反光造成光污染

很多商业写字楼为了体现现代感，将整个大楼的外观做成玻璃墙的形式。

这种设计虽然看上去很美，但一旦遇到阳光强烈的日子，这些玻璃的反光就会成为一个大问题。

这种玻璃墙体现的镜面效果往往会搅乱环境的气场，久而久之，对人的精神健康很不利。试想，如果你的家整日被对面的玻璃墙反射的太阳光照着，生活休息都会受到影响。

（玻璃幕墙反光，形成风水上的光煞。对附近楼宇的反射形成了光污染，也给大街上行驶的车辆带来不安全隐患。）

二、落地玻璃让人感觉脚下空虚

现在许多建筑商造的房屋常是把卧室、客厅都与阳台连在一起的，这样一来，会感到面积变大且采光度更好，这本来是件好事。但是有些建筑商为了突现出可以更好欣赏到风景的效果，让居住者仿佛在海边别墅一样，常会把阳台与房间合成一间，并做成是直立的落地玻璃墙，这样的设计如果在一楼还可以，但如果高层住宅采用这种设计，简直就是

一种脑残行为。

　　这样的格局，会让人感觉脚下虚空，当住户在客厅活动时，试想脚的一边是空的，楼层高的话，常是心惊胆战，毫无安全感。

　　另外，这种设计同时给人造成被偷窥的感觉，内心也容易疑神疑鬼。因为家居不同于饭店、宾馆等公共场合，它需要的是一个隐秘的空间，常见的饭店、酒吧等落地玻璃装置是不适用于家居的。

　　（高层住宅以落地玻璃做外墙，给居住者带来安全隐患，时间一久，会对身心产生严重不利影响。

　　站在窗边，就像站在悬崖边上一样，毕竟玻璃的承重力、以及安全性与钢筋混凝土的墙体无法相提并论。）

　　（缺乏安全性与隐私性的落地窗设计。）

（整栋楼的落地窗设计。

走路的时候一定要小心谨慎，不能接近窗边，也要注意不要被别人撞到，因为不小心摔倒在玻璃墙上，有可能会后悔终生。

即使告诉你，落地玻璃安装很牢固，也最好别把它当做墙体来依靠。）

（同样的落地窗，设在一楼地面，就不再有令人不踏实的感觉，能充分享受落地窗带来的宽广视野，充分享受赏心悦目的室外景观。）

三、遮风挡雨还需坚实之物

家的意义在于温暖，平和，抵挡风雨。试想遇到刮风下雨时，如果仅靠玻璃去挡风雨的话，会让人感觉不踏实。

四、卧室采光不宜大开大合

在卧室里如果是直面落地玻璃墙时，往往拉开窗帘就是阳光全照射进房间，而平时闭上窗帘又会觉得太阴暗。这种情形会导致夫妻不合。

卧室要有平衡的光线，才会令夫妻感情和谐。

（高层住宅不宜设落地窗。

因为意外的撞击会导致玻璃破裂。

站落地窗前，如果外面没有阳台或者走廊的缓冲区间，那么看着十几层的楼下，会给人带来严重的不安全感。

在高层住宅的窗子，一定要在达到成人腰部以上高度的墙体位置才能开窗，就是要保证居住者的安全。）

（在高层住宅，落地窗外没有阳台做缓冲区，非常不安全，也会给人的心理造成不利影响。

如图，落地窗外，没有延伸的阳台，所以会给居住的人带来严重的不安全感。

即使在装修时安装了护栏，也不能保证安全，因为装修安装的护栏，都是用焊点连接的，并不结实。

我们可以很放心的倚靠在墙体上，但能很放心的倚靠在这样的落地窗上吗？在有墙体的房间内，父母可以和孩子们开心的玩耍，但在有这样落地窗的房间，还能放心地与小孩子嬉闹吗？

这种风水会感应到家主人做事弄险，遭遇意外的失利。

很多人家买房时并未考虑到这一点，最开始只注意到落地窗的宽敞大气，等入住后才发现，即使装修时安装了护栏，每次站在落地窗前，总有会要掉到楼下的眩晕感，以致于在家中时很少接近落地窗，心里总有隐隐的不安，无法在家中得到充分的轻松与舒适感。）

（外面有延伸的阳台或走廊，给人以安全的缓冲，这时的落地窗才能让人在完全放松的情况下享受宽广视野带来的舒适感。）

（客厅外有大阳台。

　　家居的住宅，只有一种情况可以适合高层落地窗，就是客厅外面有大阳台作为安全缓冲区，并且阳台有半高的墙体，或有与墙体建在一起的高强度钢铁护栏，在这种令人感觉安全的情况下，在阳台与客厅之间，才可以设落地窗式的玻璃门，以增大采光与视野。）

（没有外阳台的落地窗只适合一楼的住房。

另外，只有在保安状况良好的小区，落地窗才能让家人享受宽敞的室内空间与怡人的户外美景。

如果小区治安状况不好，要加装防盗栏，那么落地窗也就失去了意义。）

第六节　根据窗户朝向选择窗帘

窗帘有保护家居隐私、阻挡外界干扰、美化家居的作用。

挂上合适的窗帘，不但能阻挡猛烈的阳光，还能为居室留下足够舒适的自然光。这个学问，与阳光照射的方向有关，更与窗帘的颜色、厚薄、质地有关。

以材料来划分，有布帘、纱帘、竹帘、胶帘、铝片帘以及木帘等。

以悬挂方式来划分，又可分为左右拉开的帘、上下拉卷的帘，以及固定不动的木百叶帘等。

　　窗帘的花色与图案更是千变万化，令人眼花缭乱。原则上，阳光充足的窗户宜用质地较厚、颜色较深的窗帘；阳光不足的窗户，宜用质地较薄而颜色较浅的窗帘。

　　在实际装饰时，可以挂两层窗帘，外一层是厚的窗帘，作用是用来晚上室内亮灯时完全隔断室外向的窥探，内一层是半透明的窗帘，作用是当阳光过于强烈时，用来遮接滤掉部分阳光，而且还能保持室内有足够的采光。

一、东边窗户

　　东边窗户的光线总是伴随着早晨太阳升起而射入，所以能迅速地聚集大量光线，气温由夜晚的凉爽快速地转为较高的温度，热能也会通过窗户金属边框迅速扩散开来。

　　东边的窗帘要能为早上醒来的主人准备柔和的光线，避免受到耀眼的阳光的刺激，享受一天里第一缕美好的阳光。

　　所以可以选择具有柔和质感的百叶帘和垂直帘，它们具有纱一样的质感，并能通过淡雅的色调和耀眼的光线。

　　这一朝向的窗帘除了需要适应快速变化的温度，还需要在厚薄上拿捏准确——太厚则显阴暗，太薄则刺激眼球。

（垂直窗帘。

垂直窗帘可以遮挡外面的窥探，又能较好地采到光线。)

二、南边的窗户

南边的窗户一年四季都有充足的光线，是房间最重要的自然光来源，能让屋内呈现淡雅的金黄色调。但是，和暖的自然光含有大量的热量和紫外线，在炎热的夏季，这样的阳光显得有些多余。因此，日夜帘是一个不错的选择。

选择窗帘时，要选能防晒、防紫外线，能将光线散发开来的。如果你喜欢的是布艺窗帘，则一定要考虑纱帘和遮光帘的搭配使用。

（日夜帘。

日夜帘有双层，一层是薄而透明的，用来遮挡过于强烈的日光，并能使室内保持较明亮的光线，一层是厚帘，夜晚拉上厚帘，可以不被室外的干扰，享受安静的睡眠。)

三、西边的窗户

西边窗户的西晒使房间温度增高，尤其是炎热的夏天，窗户应经常关闭，或予以遮挡，所以应尽量选用能将光源扩散和阻隔紫外线的窗帘。

　　百叶帘、风琴帘、百褶帘、木帘和经过特殊处理的布艺窗帘都是不错的选择。

　　强烈的阳光，会损伤家具表面的色彩和光泽，布料也容易褪色，一定要选择可以使阳光在上面产生折射而减弱光照强度的窗帘。

　　（竹制的百叶窗帘。

　　百叶窗帘可以明显减弱西晒阳光的烈度，同时还会保留较好的采光与空气流通效果。）

　　（风琴窗帘。

风琴窗帘的遮光性更好，可以象手风琴一样伸展与收缩，有效遮挡某个角度的强烈日晒。）

（百褶帘。

百褶帘可以根据需要卷起来。）

四、北边的窗户

北边的窗户对于追求艺术画面感的摄影师、艺术家、画家来说，是最为理想的光源。此时，光线从北方进入家中，十分均匀而明亮，是最具情调的自然光源之一。

为了使这种情调能够充分保留，百叶帘、布质垂直帘和薄一点的透光风琴帘、卷帘，以及透光效果好的布艺窗帘，都是比较好的选择。

北边的窗户最好选择高透明度的窗帘，最忌用厚厚的深色窗帘。

窗户倘若正对医院或尖锐的屋角等，且相距甚近，则应在窗户上安装木制百叶帘。

较大的房间，最好使用布窗帘，落地的长帘可营造一种恬静而温暖的气氛。但是在小房间，小窗户往往会降低房间暴露于阳光的程度，因

此选择容易让大量光线透过的百叶窗较好。

　（薄纱窗帘。

　　卧室北面开窗，采用日夜帘，日帘采用薄纱，透光性能好。）

第六章 玄关的布局化煞作用

玄关是住宅中最重要的组成部分之一，如果说大门是口，那么玄关就是咽喉。

在家居风水中，大门所纳之气必定要经过玄关流入室内，所以玄关就成为所纳之气是急是缓的重要关口。

风水上讲，气以直冲为凶，以曲缓为吉；而玄关就是让大门纳入之气曲缓进入客厅的重要设施。

如果大门所纳之气，沿着一条笔直线路，经过客厅、或卧室门、或阳台窗，从房屋另一侧直穿而出，形成穿堂煞气，主破财败家，这个时候，玄关就成为极其重要的化煞改运设施。

玄关装修注重的是实用和氛围的营造，所体现的是居室主人的文化品位与性格，所以玄关一定要简洁、明快，最忌繁缛。

第一节 家居玄关由影壁墙演化而来

玄关就是过去大宅门中的影壁墙演化而来。

影壁墙的作用就是让进入大门的气流不直接冲入庭院当中，而是曲折而入，形成地理风水当中的曲水入明堂格局。

在风水中，水流与道路直来直去是凶水，而曲缓而入的水是吉水；凶水主破财败家，吉水会旺起主家的财运。

现代家居中的玄关专指室内与室外的一个过渡空间，也是进入室内换鞋、更衣，或出门前整理衣帽的空间，在现代住宅中泛指居室入口的区域。

（传统四合院大门内的影壁墙。

影壁墙避免了大门直冲庭院与正房的大门，既解决了风水中的来路直冲、大门冲正房门的问题，还起到了保护宅内隐私的作用。）

（传统四合院大门与正房之间的影壁墙。）

第二节　玄关的种类

在装修玄关前要对其设计及形式有所认识，如果装修得当，既可美化家居空间，又能提升个人品位。从玄关与房子的关系上看，玄关装修可分为以下几种。

一、全隔断玄关

全隔断玄关是指由地面至顶的完整空间，面积不大，是与主空间相连的交通暂留地，它的使用频率较高，是进出住宅的必经之处。玄关不仅具有一定的使用功能，也有装饰作用，它是家与外界的一个通道，给人一种心理缓冲，增加内厅的私密性，在设计上概括室内风格，彰显主人个性。

这种玄关是为了增加私密性而设的，但要注意保证门口的自然采光，并且不适用于较小的空间；这种玄关与厅堂相连，没有较明显的独立区域。可使其形式独特，或与其他房间风格相融。

（全隔断玄关。

如果家居的客厅较大，可以采用全隔断的玄关。

但如果是中小户型，全隔断玄关会使客厅看起来较为拥挤，而且会使门口处的光线较暗。

目前最流行的不是全隔断玄关，因为这种玄关把上下空间完全隔断，没有了空间的通透性，会使空间显得狭小。）

（全隔断玄关。

玄关上部仍接近实体。）

二、半隔断玄关

半隔断玄关指在横向或纵向方面采取遮挡一半或近一半的设计。

这种设计在一定程度上会避免视觉上的拥堵感。

这类玄关稍加修饰，就会成为整个厅堂的亮点，既能起分隔作用，又能增加空间的装饰效果。

（半隔断玄关。

半隔断玄关采用上虚下实的设计，上方以镂空形式增加空间隔断时的美感，并保持一定的通透，下方多设计成实用的箱柜，可以用来存在放鞋子等物，玄关的整体实用与美观兼备。）

三、储柜式玄关

（储柜式玄关。

把玄关上半部的一半做成镂空图案，镂空的部分增加了空间通透感；上半部的另一半做成开放式摆架，可以摆放装饰品；玄关的整个下部做成鞋柜；玄关整体的实用性很强，又不缺乏通透感。）

（储柜式玄关。

玄关上部分成两区，一边做成玻璃摆架，一边做成开放摆架；摆架上可以摆放风水吉祥物以兴旺家运；玄半下部做成二层，上层是抽屉，放一些家居日常用品，下层是鞋柜；这种设计，把玄关的美观与实用充分发挥。）

四、全镂空玄关

（观赏性全镂空玄关。

此类玄关以观赏性与风水作用为主，不具有储物的实用性，一般在大户型住房使用较多。）

（全镂空玄关。

家居大门、客厅门、卧室门在一条直线相冲，这个镂空玄关的设置完全是为了解决大门冲卧室门的风水不利。

因为不想占用过多客厅的空间，所以只考虑风水的作用与兼顾整体的美感，而不过多考虑储物类的实用功能。）

五、玻璃玄关

（玻璃玄关。

玻璃玄关最适合门口采光不好的居室。

因为客厅的灯光可以透过玻璃玄关照亮门口，而不用再浪费玄关处的灯，并且虽然玄关把大门与客厅实际隔断成两个空间，但因为玻璃透明，所以仍然给人一种整体的感觉，使家居空间显得宽敞明亮。

如果大门不和邻居门相对，可以采用透明玻璃；如果大门与邻居门相对，考虑到开门时保留一些家庭的私密性，玻璃玄关可以采用磨砂玻璃，或者下半部分采用磨砂玻璃，上半部分采用透明玻璃，以这种组合兼顾私密性与透光性。）

第三节　玄关布局设计要点

玄关在居室中所占面积虽然不大，但使用频率较高，是进出住宅的必经之处。

在房间装修中，很多人家往往只重视客厅的装饰和布置，而忽略对玄关的装饰，其实，在房间的整体设计中，玄关是给人第一印象的地方，是反映主人文化气质的"脸面"。

玄关的设计应依据户型的不同而定。

玄关可以是圆弧形的，也可以是直角形的，有的户型入口还可以设计成玄关走廊。

玄关的式样也可以有多种选择，比如木制的、玻璃的、屏风式的、镂空的等等。

一、间隔通透

玄关的间隔应以通透为主，因此采用通透的磨砂玻璃或者镂空的木板为佳，采用木板时，宜选用色调较为明亮而非花哨的木板，因为色调

太深会令本来并不宽敞的玄关有局促之嫌，易使人有压抑感。

二、宜明不宜暗

大部分住宅的玄关没有窗，缺乏自然光源，因此在采光方面须多动脑筋。

木地板、地砖或地毯的颜色都不可太深，因为颜色太深本身就有昏暗感。

利用灯光来补充。一般要安放一盏主灯，再根据自身情况配合相应的筒灯、壁灯以及装饰用的射灯等，营造一个温暖、明亮的空间。

（玄关宜通透明亮。

此玄关由二件家具组成，一是镂空的固定木屏风，一是四脚小柜。

小柜上摆放圆形状吉祥物，旺起乾卦的卦气，乾卦主事业运、官运，又主积极向上的进取精神。）

三、高度适中

玄关的间隔不宜太高或太低，要适中，以 2 米的高度最为适宜。

如果玄关设置得太高，处身其中便会有压迫感，而且会阻挡屋外之气，从而隔断了来自大门的新鲜空气或生气，是非常不可取的。但如果太低，则没有效果。

四、整洁清爽

玄关宜保持整洁清爽，若是在周围堆放太多杂物，不但会令玄关显杂乱无章，而且也会对整个住宅环境产生影响。

另外，玄关是纳气的咽喉，所以玄关杂乱拥堵，这种风水会感应到人的喉咙，使家人容易得咽炎之类的疾病。

玄关的风格、材质要与室内其他家具、陈设色彩达到协调统一。

（玄关由下部柜子，上部磨砂玻璃，左侧梯状镂空组成，既高低错落有致，又隔断而透光。

高低适度，整洁清爽的玄关，让回家人的感到赏心悦目。）

第四节　玄关制造韵味空间

玄关的装修设计，浓缩了整个设计的风格和情调，要能起到"提纲挈领"的作用。因此，往往在玄关的造型、装饰材料、色彩、灯光、家具、装饰物和质感上，都要精心设计、巧妙安排。

一、玄关保护隐私

客厅是一家大小日常聚会的场所，是家庭的活动中心，所以不能太过暴露。

在如今的户型设计中，绝大多数户型，站在门外便能将室内看得清清楚楚，缺乏隐秘性。所以玄关的存在就十分有必要。

也就是说，进门后要有一个缓冲的空间，有一个类似影壁墙的屏风，使得门外的视线不能直视，同时家中的财气不致外泄。

二、玄关缓解直冲的气流

玄关是大门与客厅的缓冲地带，起到缓冲门外气流直冲的作用。

北方的平房或别墅，如果自家的大门向着西北或正北，冬天就会受到凛冽寒风侵袭，就更需要玄关来做遮挡。

楼层较低的房屋，往往易被外边的强风和沙尘渗透，设玄关既可防风，亦可防尘，保持室内的温暖和洁净。

三、玄关材料的多样性

隔断造型的材料很多，有的采用木质格栅围屏，设计带有不同花格

图案的透空木格栅屏作隔断，既有古朴雅致的风韵，又能产生通透与隐隔的互补作用；有的采用大屏玻璃作装饰间隔；有的采用局部镶嵌透明玻璃、喷砂玻璃、裂纹玻璃、彩晶玻璃、热融玻璃、玻璃砖等半通透的材料，既分隔空间又保持空间的完整性。

四、玄关的家具

在玄关不大的空间中，放几件家具也不是一件易事。既不能妨碍主人出入，又要发挥家具的使用功能。

通常的选择一种是低柜，另一种是长凳。低柜属于集纳型家具，可以放鞋、杂物等，柜子上还可放些钥匙、背包等物品。

如果玄关的面积不大，最好以简洁的功能为主。如果一进门，就有一堆衣服迎面而来，多少会显得有些拥挤无序，因此最好还是将衣物挂在卧室的衣柜中。

现在还有很多家庭将落地式家具改成悬挂式，像陈列架之类，也起到一举两得的作用。

长凳的作用主要是方便主人换鞋、休息等，而且不会占去太大空间。如果空间允许，还可以放置一些绿色植物作为装饰。

五、玄关的色彩搭配

玄关是从大门进入客厅的缓冲区域，一般以清爽、亮丽、偏暖色调为主。

很多人家都喜欢用白色作为门厅的颜色，其实在墙壁上加一些比较浅的颜色，如绿色、橙色、浅蓝色等，以与室外的环境有所区别，更能营造出家的温馨。

（绿色调的玄关。

玄关与色彩的配合能更加增旺家运。如果家主人命理需要木五行，那么选用绿色的玄关最好，因为绿色五行属木，再配上图画中的荷花，更能增加木五行的能量。）

（金黄色调的玄关。

黄色五行属土，对于命理需要土五行的人有显著的旺运效果。）

六、玄关的灯具选用

玄关的灯光也是烘托居室氛围的重要角色。

暖色和冷色的灯光在玄关内均可以使用。暖色制造温情，冷色更清爽。北方地区的家居可以采光暖色灯光，南方地区的家居可以采用冷色灯光。

灯具有很多种类，比如荧光灯、射灯、吸顶灯、壁灯等等，还有嵌壁型朝天灯与巢型壁灯，这两种灯可以产生恰当的层次感。

找一个造型独特的壁灯，配在空白稍大的墙壁上，既是装饰，又可照明，一举两得。

现在还有很多小型地灯，光线可以向上方照射，整个门厅都有亮度，又不至于刺眼，而且低矮处还不会形成死角。

另一个能将幽暗的玄关装点得比较活泼有趣的方法是：设法在走廊上挂几张照片、图片或画作，可以在画上加两盏小灯，让你所珍爱的收藏分外耀眼，引人注目。

总之，玄关处的灯具，要以照明明亮为主要目的。对于普通的家庭来说，以白色或者暖色的吸顶灯最好，因为不但造型简洁，主要是一个四十度的吸顶灯就可以把玄关照得很亮，节电效果很好，免去了要几盏灯的浪费情况。

（玄关处采用射灯。

　　射灯会造成光影的明暗对比，使家居展现朦胧的氛围。过多地使用射灯，室内光线不亮，会使人精神不振。）

　　（玄关处采用白色调的壁灯与小吊灯组合，配合白色的玄关色调，营造出明亮的玄关。）

　　（玄关处安装黄色的吸顶灯，营造出温馨的家庭气氛。）

（在玄关与客厅安装过多的射灯与小灯，在实际生活当中并不实用，光线过于柔和与昏暗，会使人精神不振、昏昏欲睡。）

七、玄关的装饰物

要想装饰出一个有气氛的空间，一些风水吉祥物或可爱的小饰物是必不可少的。

例如，在玄关的墙壁上可挂些风景装饰画，美丽的景色让人一进门就心旷神怡；而且画作还可以根据需要的五行来进行配置，需要木五行的可以挂森林画，需要水五行的可以挂江河画，需要火五行可以挂太阳、红色的花，属要土五行的可以挂长城、高山。

风水摆件及布艺品都是可以调节气氛的好帮手。比如玄关的柜子上可以摆放一对铜麒麟，这种瑞兽既可以护宅化煞，还可以增加居室的祥瑞。再比如可以在玄关柜上摆放一对铜貔貅，起到招财旺家作用。

还有其他很多方式可以选择，找一个与玄关颜色相配的小花瓶，插上几支鲜花，也一样有情有景，还能旺加木五行的力量。

玄关虽小，但其中乐趣融融．只要加用心：精心布置，玄关就会成为家中的第一道风景。

（玄关柜上摆放鲜花来点缀家居。）

（玄关柜上可以通过吉祥物品的摆放形成风水旺运与化煞的作用。

上层正中摆放情侣娃娃，增进夫妻情感。

两侧摆放瓷瓶，成双成对。

摆放小猫，增加主人需要的寅木五行。

下方摆放葫芦，葫芦的作用是收纳煞气、病气与邪气，增进家人健康；另外，葫芦有兴旺医卜人家的作用，所以，对于医生与风水师来说，摆放葫芦有旺事业运的作用。）

（对于大多数普通人家来说，在居家玄关的柜子上摆放一对铜麒麟，可以起到镇宅化煞增加居室祥瑞的风水作用。

麒麟摆放时，头对着门外，这样才能起到最好的看守门户、镇宅化煞的作用。）

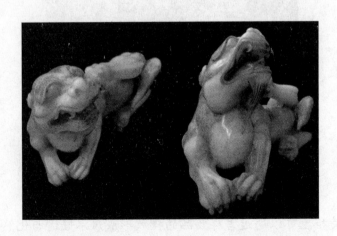

（高档的老料白玉貔貅。

如果是高档大户型住宅，入门的玄关做成艺术品摆架，可以放置一对玉貔貅，貔貅的头朝向门口吸财入室，起到兴家旺运的风水效果。）

第五节　巧设玄关迎好运

玄关家家都有，但是，装修得当还可给家人带来好运气呢！所以，在玄关的装修布置上，一定要用心。

一、玄关天花板

玄关的空间往往比较局促，容易产生压抑感。但通过局部的吊顶配合，能改变玄关空间的比例和尺度，塑造空间层次。

在设计师的巧妙构思下，玄关吊顶往往成为极具表现力的室内一景。它可以是自由流畅的曲线；也可以是层次分明、凸凹变化的几何体；也可以是大胆外露的木格架，上面悬挂点点绿意。

（玄关的天花板设计成镂空灯光照明，体现空间层次感。）

　　玄关的吊顶应与客厅的吊顶结合起来考虑，希望达到简洁、整体统一、有个性的效果。

　　（玄关的吊顶设计。）

　　玄关的天花板宜高，这样易于空气流通，对住宅的气运也大有益处。

　　天花板色调宜轻，天花板的颜色较地板的颜色浅，上轻下重也符合"天轻地重"的效果。

　　玄关顶上的灯饰排列宜圆宜方，圆形象征团圆，而方形则象征方正平稳。

二、玄关地板

　　由于玄关需要考虑保洁功能，一般会采用大理石或地面砖。

　　在设计上为了美观也可以将玄关的地板与客厅区分开来，自成一体。用纹理美妙的、光可鉴人的磨光大理石拼花，或用图案各异、镜面抛光的地砖拼花勾勒而成。

（玄关地板与走廊地板采用大理石与瓷砖拼花，形成一条小道的形态。）

（玄关地板与走廊大理石拼花图案。）

　　如果客厅采用的是复合地板，考虑地面高度的一致性以及房间的整体效果，也可在玄关采用复合地板。

　　切记地面设计需把握的原则是易清洁、耐用、美观。

　　玄关的地板宜平整；地板平整可使居住者气运顺畅，而且可避免摔

跤。同时，玄关的地板宜尽量保持水平，不应有高低上下之分。

　　玄关的地板忌太光滑，若十分光滑，从家居安全角度来说并不理想，因为家人或宾客容易滑倒受伤。

　　（玄关地面与客厅地面都采用同样材质的木地板，室内地面整体风格统一。）

　　地下排水管也不宜跨越大门和玄关之间，以免污水内外交流时，玄关受污，导致家人健康不佳。

　　玄关的地板颜色宜深。深色象征厚重，地板色深象征根基深厚。

　　玄关地板的图案花繁多，应选择寓意吉祥的内容，必须避免选用那些多尖角的图案。

三、玄关墙面

　　墙面重在点缀，切忌堆砌重复，且色彩不宜过多。可以根据房间色调刷墙漆可以将墙面做出不同纹路的墙漆效果，可以通过线条的凸凹变

化、墙面挂置壁饰或采用浮雕等景物的布置达到浓厚的艺术装饰效果。

　　玄关是住宅进出的主要通道，墙壁及地板平滑则气流畅通无阻。如果凹凸不平，则居住在内的人运气会有诸多阻滞，必须尽量避免。

　　玄关的墙壁间隔颜色不宜太深，以免色调昏暗没有活力。

　　玄关的下半部分宜以砖墙或木板作为根基，扎实稳重，而上半部则可用玻璃来装饰。

（玄关墙面以照片装饰。）

（玄关墙面以彩画壁纸装饰。）

（玄关墙面的大树彩绘设计。）

四、玄关宜设置鞋柜

玄关在大门的入口处，为了进门换鞋的需要，玄关处一定要设有鞋柜。

鞋柜可以与玄关屏风设在一起，也可以单独设置。

（进门玄关处的鞋柜与玻璃屏风组合。）

如果户型足够大，玄关的空间足够宽敞，还可以在玄关处设置大衣柜，用以在进出大门时更换大衣、外套、帽子等。

（入门玄关处的鞋柜与衣柜。

大户型住宅，入门玄关处的空间足够大，可以根据需要设置衣柜与试衣镜。试衣镜宜安在大门侧面，不能与大门正对。）

对于大多数的中小户型来说，玄关最宜设置成复合功能的，下半部为鞋柜，上半部为开放式摆架或镂空的屏风，兼顾实用性与美观性。

鞋柜宜有门，倘若鞋子乱七八糟地堆放而又无门遮掩，便十分有碍观瞻。在玄关布置巧妙的鞋柜，因为有门遮掩，从外边看，一点也看不出它是鞋柜，这才符合归藏于密之道。

五、玄关植物的布局

玄关摆放植物，可绿化室内环境，增加生气。但是必须注意的是，摆在玄关的植物，宜以赏叶的常绿植物为主，例如铁树、发财树、黄金

葛及赏叶榕等，而且玄关植物必须保持长青，若有枯黄，就要尽快更换。

（玄关处花瓶的摆放给家庭增加了时尚气息。）

（在玄关与客厅的交界处摆放大叶植物。

大叶植物既可以美化家居环境，又可以起到风水的隔断效果。

如果大门直冲客厅的窗，在两者中间摆放大叶植物，还可以起到像屏风一样化解直冲，令气流变缓的作用。）

六、玄关的镜子

大户型的玄关可以在侧面墙安放镜子，以便在出门时整理仪容。

镜子的形状，不论是方形或是长形，都有不错的效果，而且也可令玄关显得更加宽阔明亮一些。

（玄关镜安装在大门侧面，避开了与大门正对，出门时整理一下衣装，以饱满的精神状态开始每一天。）

（进大门，以鞋衣柜作为玄关与餐厅之间的隔断，玄关侧面墙安装试衣镜。

大户型住宅，玄关空间较大时，可以采用这种设计。）

要注意的是，玄关的镜子不可正对大门，只能安放在门的侧面，因为镜片有反射作用，如果正对大门，会把从大门流入的旺气及财气反射出去，将财神拒之门外。

第七章　家居客厅的聚财布局

客厅就像人体的心脏，把从大门与玄关纳入的五行之气输布到住宅全身。

客厅相当于地理风水当中的明堂，对居家财运产生最大的影响。

作为明堂的客厅宜大、宜宽敞明亮，宜有家具形成的山峦围拢关锁，就像地理风水当中明堂周围的山峰锁住堂气一般。

客厅在人们的日常生活中使用是最为频繁的，它的功能集会客、放松、游戏、娱乐等功能于一体。作为整间屋子的中心，客厅值得人们更多关注。因此，客厅往往被主人列为装饰的重中之重，精心设计、精选材料，以充分体现主人的品位和意境。

第一节　客厅的理想位置与格局

一、客厅设在住宅的前方

进入大门后首先应看见客厅，而卧房、厨房以及其他空间应设在客厅后方，这样就能形成"前空后实"、"前轻后重"的旺运风水格局。

按照现代家居实际情况来看，客厅在住宅的正前方、左前方、右前方，都是比较好的位置，绝大多数住宅的客厅，都是占据住宅前面与住宅中部的空间，单从客厅的位置来说，这样的设置是基本合理的。

如果误将客厅设置在后方，会造成退财格局，容易使财运走下坡。

有一些中小户型，进门左右位置被卫生间与厨房占据，而后才是客

厅，再后是卧室，这样的格局是不太好的格局。

　　因为房屋格局是固定的，入住之后无法改变，所以，在买房或租房之前，应重视对户型格局的选择。

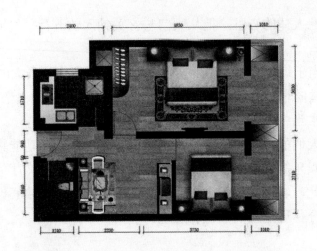

　　（进大门左右两侧是厕所与厨房，完全占据了原来应该是客厅的位置，大门纳入之气，与厕所与厨房混在一起，影响了客厅对吉气的聚集。

　　这是有较严重缺陷的风水格局。）

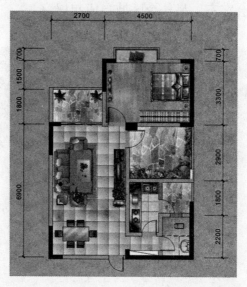

（进门是客厅。

站在室内向大门口看，客厅与餐厅占据了居室的右侧中部与前部，直接与大门相接，基本符合进门是客厅的原则，

因为是小户型，卫生间与厨房处在大门的左侧前方。卫生间有窗通向与厨房共用的阳台，换气效果较好，可以减轻卫生间处于前方的不利。

总体来说，这个小户型基本符合前客厅后卧室的格局，客厅明堂占据了居室的右则中部与前方。

缺点，大门直对卧房门，又直冲卧室窗户，形成穿堂煞，主不聚财，所以在大门与客厅之前，摆放大小合适的屏风进行风水隔断是非常必要的。）

二、客厅宜用方形格局

客厅的格局最好是正方形或长方形，因为只有这样的形状，才五行齐全，八方卦气不缺。

如果客厅呈 L 形，可用家具将之隔成两个方形区域，按照风水"各具一太极"的原理，这两个区域就可以视为两个独立的空间。例如，可

将一个区域当成会客室，另一个区域当成起居室。

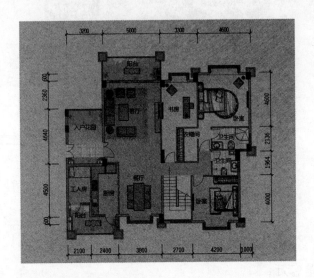

（进门是客厅与餐厅，明堂宽大，形状方正。

住宅整体呈现前客厅后卧室的吉祥风水格局。

在各个门的设计上，有意识地做到了避免门门相冲的不利情形。

两个卫生间都有通风窗，厨房也有换气门，这两个产生污浊空气的地方，都有良好的换气通路。

设计图中，主卧室的睡床摆放犯了风水错误，因为主卧的门冲睡床，这不利健康与婚姻，所以，在实际摆放时，一定要把床头靠里面的墙，避开房门冲床。

另外，客厅沙发与电视的摆放，在墙面空间够用的情况下，最好是人坐在沙发上，面对大门一方，而不是背对大门。这样才是顺宅之势，而不是逆宅之势。因为如果有家人或客人进门来，我们直接就可以看到，而不用听到开门的声音，再扭头转身向后看，非常的不方便，也不符合风水原则。

当然，在实际情况当中，有些住宅里面的一面墙体长度不够，摆不下沙发，只能把沙发摆在靠门一侧，结果不得已，就行成了要转身才能看到大门的别扭情况。）

第二节　客厅的旺运布局阐秘

　　客厅的家具基本由沙发、茶几以及对面的电视组成。有些人家还会把音箱摆放在电视两旁。

　　客厅的这些家具与空地，构成了客厅自身的山水空间，那么这个山水空间自然要遵从最基本的风水格局。

　　最基本的风水格局就是我们在第一章中所讲的"四象诀"。

　　主沙发一定要依墙而靠，这是"后玄武"。玄武为靠山，代表家人的健康与事业官贵。

　　主沙发的左右两侧为"左青龙"与"右白虎"，这两个位置代表家人之间，家人与外人之间的人际关系。如果是开公司做老板的，这两个位置更会代表公司内部是否有得力的助手，员工是否能人尽其财为公司做贡献。所以，主沙发的两侧要有座位围拢护佑主座，只有这样，主人才不致于成为孤家寡人或者光杆司令；相对来说，主人在工作当中也能重视并重用真正有才能的人，而不是重用没有工作技能却只会拍马屁奉承自己的人。

　　主沙发前面的茶几不可过高、过大，而要与整体的沙发座在大小与高度的比例上相协调，这样的风水才会感应出宾主相互尊重的气场，避免主去欺客引起他人不满，或者客来欺主对自身不利的情况发生，能有效地使自己在日常的生活与工作当中，行为适当，既不会欺侮地位不如自己的人，也不会对比自己强的人采取一幅摇尾巴狗的丑态，而是会尊重任何肯凭自身努力工作来求生存的人。

　　茶几前方的空地，就是客厅当中的明堂。这个明堂，是明堂当中的明堂，最好是接近正方形，而不要形成像过道一样的长条形，如果与过道一样宽，并与过道连接在一起，就真的只成了过道，就基本失去了明堂的作用，难以聚气，造成求财艰难。这块空地，在整体上等于或大于

沙发坐与电视机合占的空间，才能明显起到旺家致富的风水作用。

沙发对面的墙壁，一般摆放电视柜或者安放液晶电视，因为是我们座位的正前方，所以是"前朱雀"，是朝山。

电视或音箱的摆放不能过高，以坐在沙发上向前方看，与视线相平为最佳，略高一点也可以，但如果前方过高，完全在视平线之上，坐着看电视时要仰着头，或者摆放过于高大的音箱，都会形成对面朝山因为过高而逼压主人的情况，既主耗财与破财，还主事业当中人际关系遭到破坏。原因是，朝山是外在人际关系与主人的对应，如果在形势上是朝拱主座，说明别人对自己好，如果因过高过近而逼压主座，说明别人对自己进行暗算与欺压。

以上风水原则，既有风水中的基本原则，也进行了比较细致地阐述，透露了一些风水格局中专业风水师都要重视的风水吉凶断法中的细节，这些看起来平凡的细节，却往往决定着客厅风水布局的成败，非常重要。

无论客厅风水布局如何变化，如何体现各种风格，如何体现主人的个性，只要不破坏这些重要的风水原则，就可以尽情地发挥客厅设计的想象力。

（客厅沙发符合风水原则的摆放方式。

背有靠山，左右龙虎齐备，前有茶几案山，形成"U"字形的"山环水抱"之势，自然能把吉祥的旺气聚于明堂当中。）

（客厅沙发的后方玄武位与右方白虎位连成一体，而左侧青龙位用两个凳子补位，形成了较完整的客厅风水格局。

青龙位两个条形图案的凳子，在图案风格上与沙发靠背的图案相同，这种设计使沙发的整体色调显得丰满而不单调，是一种较为成功的创意设计。

唯一的缺点是进大门就是客厅，大门直冲明堂，可以在大门内摆放镂空的屏风座，既不影响客厅的整体空间与采光，又起到纳大门之气曲缓入客厅的目的。）

（沙发的后背虽有依靠，但左右龙虎不齐，没有护卫，所以事业上难以得到朋友或同事的帮助，人际关系处理得不好，财运难聚。）

（沙发风水格局的缺陷：有左无右，有龙无虎，有阳无阴。

在风水上是缺少右侧白虎方的护卫。

白虎居右属阴，主女性，所以这样的家居沙发格局，有点像人体的阴虚之症。

如果是未婚男子住这样的房，婚姻难成，女朋友留不住，原因就是白虎位空了，白虎位属阴是女人位，女人位空了，就留不住女朋友；如

果是已婚的家庭，女主人在家中没有地位，时间一久，会对丈夫产生怨言，对夫妻情感不利。

在右侧摆放与沙发整体风格、色调相近的凳子，护住右侧白虎位，就可以解决这个风水问题。）

（沙发的风水格局缺点：虎强龙弱。

沙发后玄武与右白虎连成一体，而左侧青龙方摆放同样风格的小凳，就整体比例而言，右侧白虎方大，而左侧青龙方小，形成虎强龙弱的格局。

这样的格局风水，会感应到家中男女主人的相处方式，女强男弱，女方处于强势地位，男方处于从属地位，无论在生活上还是工作中都会朝这个方向发展。

如果客厅是这样的虎强龙弱格局，再加上卧室当中再出现前高后低、右高左低的家具摆放情况，或者居室当中再出现其他风水格局的不利，累计的阴阳失衡情况有三种到五种之多，那么时间一久，必定会因为男方在各方面得不到顺利发展，而使女方渐渐瞧不上男方，并因此出现情感裂痕，严重的会因女方情变而离婚。

换掉左侧过小的摆凳，改成高度、大小比例、风格特点与右侧协调相称的沙发凳，经过一段时间的使用，就能对男主人的性情、言行产生有益的影响，避免不利情况的发生。）

（前方朱雀过高，有头部被压之象，主耗财。
电视上方的墙体壁柜设计，是风水中的不利因素。）

　　（前方组合柜，形成朱雀逼压的风水格局，在地理风水中属于前高
后低的败财格局。

　　左前属阳为男，右前属阴为女；右前方的柜子高大形成逼压之势，
那么在生活与工作当中，特别容易遇到女客户、女上级的刁难，俗话说
的遇小人。

　　前高后低，在大多数情况下属于不利财运的风水；只有少数情况下，由专业风水师以峦头给合山向飞星的理气，才能在前高后低的情况下，做出某个时期内的旺财风水，但这类风水最多只有二十年的旺运，并且运过即会败家，所以在行运结束之前，一定要及时改变，如果是无法改变的格局，比如室外前高后低的地势，就一定要换房居住，如果是能够改变的格局，比如居室内的家具，那么只要把过高的家具换掉即可。）

　　（电视组合柜设计成两边高而中间低凹的形态，构成"宾强主弱"的格局。

　　在风水格局当中，中间为主，两侧为宾，所以中间高、两边低，宾从主，才是正确的风水格局。

　　如果出现如图所示的两边高中间低的"凹"形，就意味着宾强主弱。

　　"宾强主弱"风水格局感应到生活与工作当中，就会出现自身工作能力不足，无法有效解决生活与工作当中的难题，也无法有效地提升自身水平，自己的工作或者正在做的事情常常被别人插手才能圆满完成，工作过程充满不愉快。

　　如何解决这个问题？只要把两边柜子换成高度明显低于电视屏的就可以了。换掉之后，重新形成"主强宾从"的吉祥格局，人做事情就

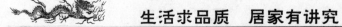

会慢慢地具备主观能动性，自觉上进学习，渐渐能够独立、完美地解决工作中遇到的问题。）

（复式小户型住宅。

　　一楼因为面积不大，所以客厅较小，造成进大门后的走廊与客厅中央的明堂连成一体，形成一个长长的过道。这导致客厅的明堂成为过道的一部分，明堂被大门与过道直冲，再加上大门、过道、客厅窗户在一条直线上，导致气流直进直出，故而难以聚财，对家运非常不利。

　　如何改造呢？

　　要取消楼梯对面的大壁橱，解放空间，以便在大门与客厅之间安放镂空透光的屏风，通过屏风的摆放，把进大门后的走廊与客厅隔断开来，使客厅当中沙发与电视中间的空间形成能聚财的明堂，而不是被大门与长的走廊直冲。

　　如此改造之后，才能形成聚财的客厅风水。

　　另外，沙发后墙的画作，风格过于阴暗与怪异，形似妖魔，这会对主人的性格与处事方式形成不良诱导。要知道，玄武靠山主居家的贵人运，所以靠山位置的书画可以在参考居室整体风格的基础上，选择积极、光明、富有吉祥寓意的内容。）

第三节　客厅的装修要点

从风水的作用上来说，客厅是风水当中的明堂，是最大的聚财位。

从客厅的使用功能来说，客厅在人们的日常生活中使用是最为频繁的，它集会客、休息、游戏、娱乐等于一体。

客厅是家居的重中之重，因此，精心设计、精选材料，以充分体现主人的品位和意境就非常必要了。

客厅装修的要点是：既要实用，也要美观，更要符合风水原则。

一、风格要明确

客厅是家庭住宅的核心区域，现代住宅中，客厅的面积最大，使用频率最高，它的风格基调往往是家居格调的主脉，引领着整个居室的风格。因此确定客厅的装修风格十分重要。

我们可以根据自己的喜好选择传统风格、混搭风格、中式风格或西式风格等。客厅的风格可以通过多种手法来实现，其中色彩设计、吊顶设计、灯光设计、后期的家具配饰的运用等，都能表现出客厅的不同风格，不同的空间层次感。

（具有传统韵味的客厅设计。）

（具有现代简约风格的客厅设计。）

（明快的欧式风格客厅设计。）

二、个性要鲜明

　　客厅的装修是主人的审美品位和生活情趣的反映，特别讲究有独特的个性。

　　不同的客厅装修中，每一个别具匠心的细小差别都能折射出主人的修养、品位。这些独特的风格可以通过装修材料、装修手段的选择，以及家具的摆放来表现，但更多的是通过配饰等"软装饰"来表现，如工艺品、字画、坐垫、布艺、小饰品等，这些更能展示出主人的修养。

（色彩个性鲜明的客厅设计。

黑白两种色彩的对比运用。

地面采用黑白色块，墙面采用黑白条纹，整体形成较强烈的视觉冲击感，使家居充满活力与动感。）

（结构个性鲜明的客厅设计。

玄关与客厅间的半隔断使整个空间显得通透、宽敞、大气。

会客区的布置使明堂关锁紧密而不拥挤，避免了大客厅明堂旷而散气的不利，形成明堂聚财的格局。）

三、分区要合理

客厅要实用，就必须根据自己的需要，进行合理的功能分区。

如果家人看电视的时间非常多，那么就可把视听柜作为客厅中心，来确定沙发的位置和走向。

如果不常看电视，客人又多，则完全可以以会客区作为客厅的中心。

客厅区域划分可以采用"硬性区分"和"软性划分"两种办法。

软性划分是用"暗示法"塑造空间，即利用不同的装修材料、装饰手法、特色家具、灯光造型等来划分。比如通过吊顶，从上部空间把会客区和餐厅区划分开来；也可以通过铺地毯的方法，从地面空间把两个不同的区域划分开来。

家具的陈设方式可以分为两类，对称式或者自由式。小空间的家具布置宜以集中为主，大空间则以分散为主。

在划分客厅的空间时，也要把空间分成相对封闭的几个区域来实现不同的功能。在装修时，主要是通过隔断、家具的摆放，从大空间中独立出一个小空间来。

（失败的客厅分区设计。

会客区与会餐区以桌子进行隔断，使得客厅沙发没有靠山，形成前实后空的不利格局，会对工作、事业的发展产生不利影响。）

（复式住宅成功的客厅分区设计。

利用大厅梁柱形成的边界，以镂空加半实体进行空间隔断，把会客休闲区与餐厅分开，但又保持整体空间的通透性与采光功能。

在风水上，会客厅符合"后实前空"的原则。液晶电视镶嵌在实体隔断上，简洁明快。）

四、重点突出

客厅有顶面、地面及四面墙壁，因为视角的关系，墙面理所当然地成为重点。但四面墙也不能平均用力，应确立一面主题墙。

主题墙是指客厅中最引入注目的一面墙，一般是放置电视、音响的那面墙。在主题墙上，可以运用各种装饰材料做一些造型，以突出整个客厅的装饰风格。

主题墙是客厅装修的"点睛之笔"，有了这个重点，其他三面墙就可以简单一些。

（客厅电视墙的设计。

两盏淡黄色的射灯，配合乳白色的墙面，给家居增添了温馨的感觉。）

（主题突出的电视墙设计。

单独建造的屏风式电视墙，简约而明快的方格图案，形成影院银幕的感觉。）

在家居当中，一般客厅有二面墙，另外两个方向是门的通道与客厅的窗户；当然，也有少数家居的客厅有三面墙体，这样的客厅往往只有门的通道，而客厅没有窗。客厅的墙体，无论是两面或三面，只能选择一面墙体作为主题墙，这样才能重点突出，主次分明。如果都做成主题墙，就会主次不分，给人杂乱无章的感觉。

客厅的顶面与地面是两个水平面。顶面在人的上方，顶面处理对整修空间起决定性作用，对空间的影响要比地面明显。地面通常是最先引人注意的部分，其色彩、质地和图案能直接影响室内观感。

第四节　按层高来装修客厅

有些年代久远的二手房，客厅的层高在 2.4 米—2.6 米，难免会给人一种压抑感。

现代建筑，层高超过 4 米的挑高客厅也很常见，这类层高较高的客厅，如果得不到合理的装修设计，身处其中难免会让人感觉像井底之蛙。

空间的大小、高低是相对于一定参照物而言的，所以在装修过程中运用一些设计技巧就能把整个房间的视角变高，使层高看起来更高，空间也变显得更宽敞。

一、层高较低的客厅装修

层高较低的客厅在整体设计上要多运用竖向线条、分割线，避免使用横向线条。

采用竖向线条会产生一种纵向拉伸感，能使层高在视角上变高。

在色彩设计上要多运用冷色。冷色让人有一种宁静、安逸的感觉，小空间采用淡淡的冷色调，能使空间看起来有增高、增大的感觉。也可通过顶面浅色、墙面深色来达到延伸视觉空间的目的。

　　在吊顶处理上，要使顶部错落有致、层次分明。比如餐厅、过道的顶部设计得稍低一点，客厅、起居室的顶部少做吊顶或做局部吊顶，这样既能起到划分区域的作用，又能打破一般吊顶的呆板感，并且在设计上弱化墙面与顶面的交界线，扩展居室的视觉感。

　　在灯光设计上宜利用顶部的灯光，光感会使人的视觉向上，也会增加居室的视觉高度。

　　总之，在设计上运用对比、延伸的方法来进行调节，对居室的层高进行巧妙的构思，就会使居室达到意想不到的效果。

（客厅顶部的方型灯池设计。）

（客厅顶部的圆形灯池设计。）

（小户型住宅的客厅吊顶设计。）

二、层高较高的客厅装修

　　挑高客厅的顶部一定要"实在"而忌"空洞"，以形式多样的吊顶与和谐搭配的吊灯，不仅能营造出恰当的头顶高度，也是让顶部空间风情万种的重要元素，不可或缺。

　　面对较高的墙壁，小件装饰品显然不太适合，此时的装饰要点是体现大气，最好形成一个主题，比如大型的壁画或欧式的壁炉，可以用砖、木、石等自然材料砌成的主题墙，配合采用壁毯、油画来进行装饰，都可以营造出迷人的风格。

（复式住宅的客厅吊顶设计。
挑高的客厅顶部空间，只有搭配大型的吊灯才合适。）

（复式住宅的客厅吊顶设计与欧式壁炉。）

第五节 按客厅朝向选择装饰色彩

客厅是迎接宾客的重要场所，客厅的色彩不仅直接体现主人的品位，也在一定程度上影响客人的情绪。

客厅色彩的设计，要考虑房间的具体情况。

如果客厅位于房子的中央，采光性就不是太好，容易给人造成压抑感。这时可以把颜色设计得明亮一些，以弥补光线的不足。

另外，还可根据客厅的不同朝向来选择合适的颜色。

一、朝东的客厅

由于最早见到阳光，可选用任何一种颜色，但阳光也最早离开而使房间较早较暗，最保险的是选用浅暖色。

（暖色调的客厅。）

二、朝南的客厅

日照时间最长，选用的颜色不能太亮，同时应慎用暖色。采用冷色使人感到更舒适，房间的效果也更迷人。

（乳白、淡灰、淡蓝、淡绿等冷色系列，可以营造出客厅的清凉感。）

三、朝西的客厅

受到一天中最强烈的夕阳西照的影响，较炎热。选用暖色会加剧这种效果。因此，选用深冷色让人感觉会更舒服。

（白色系可以营造出客厅凉爽、舒适的效果。）

（蓝、白两种色调的搭配，使室内变得清凉、舒爽。）

（淡绿的壁橱、淡绿的窗帘，再加上一盆绿色观赏植物，配合乳白的墙柜，使家居显得明亮而清新，充满活力。）

四、朝北的客厅

没有阳光的直接照射，选色时应倾向于用暖色，且色度要浅。深色会给人沉闷单调的感觉。用白色的边框来分割大色块，或放置一些暖色调的家具可以使冷色明艳起来。

在具体配色时还应该考虑一些现存颜色的影响及相互协调，如：窗帘、床罩、地毯和硬家具等的颜色。

（粉红的色调让家居氛围温情而浪漫。

在实际应用中，白色与粉红色搭配能获得最好的效果，热烈与温暖中带着一丝清凉。）

（过多使用粉红色会让家居变得异常单调，进而引发精神上的疲惫。

家居装饰中，几种色彩的组合搭配非常重要。）

第六节 巧用壁纸营造客厅旺运布局

壁纸在家居装饰中的运用越来越普遍，将其运用于客厅，可令客厅的墙面更加美观，若再适当运用一些小技巧，往往能给你带来意想不到的效果。

一、竖条纹状图案可增加高度感

长条状的花纹壁纸具有恒久性、古典性、现代性与传统性等各种特性，是最成功的选择之一。

长条状的设计可以把颜色用最有效的方式散布在整个墙面上，而且简单高雅，非常容易与其他图案相互搭配。这一类图纹的设计很多，长宽大小兼有，因此你必须选适合自家客厅尺寸的图案。这一点是相当重

要的。稍宽型的长条花纹适合用在流畅的大客厅中，而较窄的图纹用在小客厅里比较妥当。

由于长条纹的花纹设计有将视线向上引导的效果，因此会让人对房间的高度产生错觉，非常适合用在较矮的客厅。如果你的客厅原本就显得很高挑，那么选择宽度较大的长条图案会很不错，因为它可以将视线向左右延伸。

（客厅的竖条纹壁纸电视墙。

白、灰、黑色，三种条纹的壁纸，配合整体的白色墙壁，使家居显得清静而整洁。）

（客厅的条纹壁纸靠背墙。

　　淡黄的底色，配上淡灰的细条纹，让墙体色彩显得柔和，给人带来宁静、安逸的感觉。）

（黑白相间的条纹壁纸给家居带来充满活力的动感。）

二、大花朵图案可以减少拘束感

　　鲜艳炫目的图案与花朵最抢眼，有些花朵图案逼真、色彩浓烈，远观真有呼之欲出的感觉，这种壁纸可以降低客厅的拘束感，适合格局较为平淡无奇的客厅。由于这种图案大多较为夸张，所以一般应搭配欧式古典家具。喜欢现代简洁家具的人最好不要选用这种壁纸。

（以花朵图案的壁纸做电视墙。）

（以田园风格的花朵壁纸做靠背墙。）

（以彩画壁纸塑造个性空间。）

三、细小规律的图案可以增添秩序感

有规律的小图案壁纸可以为客厅提供一个不显夸张又不会太平淡的背景，喜爱的家具可在这个背景前充分显露其特色。

如果是第一次挑选壁纸，则适合选择这款。

多数家庭的居住面积并不宽敞，所以根据人们希望环境舒适一些的心理，最好不要选纹理、图案过于醒目的壁纸。

图案尺度也要适当，如果图形花样过大会在视觉上造成"近逼"感。

（以小碎花图案的壁纸装饰电视墙面，给整体家居营造出清静、素雅的氛围。）

四、不同的颜色可以产生不同的感觉

从色彩上说，朝北背阳的客厅不宜用偏蓝、紫等冷色，而应用偏黄、红或棕色的暖色壁纸，以免冬季色彩感觉过于偏冷。

朝阳的客厅，可选用偏冷的灰色调墙纸，但不宜用天蓝、湖蓝这类冬天看着不舒服的颜色。

另外，很重要的一点，壁纸的色调也要与家具、窗帘、地毯、灯光相配衬，客厅环境才会显得和谐统一。

（金黄色的壁纸底色与红绿碎花。

壁纸与沙发色调的统一，增加了居室温暖、喜庆、亮丽的氛围。）

五、壁纸图画的风水应用

（客厅沙发的靠背墙用国画山水壁纸，可以起到风水旺运的作用。
以群山做靠山，象征着多得贵人相助。）

（恢宏大气的国画壁纸。

背靠群山，在风水上主得贵人相助，事业兴旺发达。

稍显不足的是，整体家居的墙体、吊顶、灯具、家具是欧式风格，
而壁纸是传统的国画风格。

可以尝试改换欧式的油画壁纸，以达到风格的统一。）

（大型的田园油画更适合欧式风格的客厅。）

（不协调的壁纸图画使用。

电视墙的壁纸以画面简明、协调为好，不宜过于复杂，因为复杂、炫丽的图画会影响人看电视时的视觉效果。

另外，从风水上讲，后面有山，前面有水，后高前低，后山旺人丁主贵，前水旺财运主富，才合乎风水原则。

如果前山后水，就相当于前高后低，这样的布局是损丁破财的风水

败局。

　　如果把山峦的图画贴挂在座位的前方，逢到火土旺的流年，山峦土气临旺，会明显不利家居的财运，还会使家人在事业上遇到巨大的阻力。

　　山峰连绵的图画，不能贴放在明堂前方，而应贴挂在沙发后面的墙上，成为自家坚实的靠山。）

　　（国画+诗词的墙体壁纸。

　　配合红木家具与中式装修风格，形成既古香古色，又有现代韵味的家居空间。

　　图画中的竹、梅，体现了居家主人的高雅风骨。）

第七节　客厅吊顶装修设计技巧

　　客厅是家里接待客人的场所，在现代家庭装修中，大多数人在进行

客厅装修时都对天花进行吊顶装饰，客厅吊顶装修不仅要美观大方和整个居室风格一致，还要使客厅保持宽敞明亮，不能造成压抑昏暗的效果。

一、吊假顶

如果客厅的高度不高，可在客厅的四周边做吊顶，中间只装新颖的吸顶灯。

这种吊顶可用木材夹板成型，设计成各种形状，再配以射灯或筒灯。

这样做吊顶的目的是在视觉上增加客厅空间的层高，大面积的客厅比较适合做这类的吊项。

（吊假顶。

只在客厅棚顶四周做边框吊顶，而中部分仍延用原有的墙顶，直接安放吸顶灯。

在视觉上有棚顶增高的感觉。）

二、使用便宜的石膏做造型

根据自己的喜好图案，可以用石膏做成各种造型，或者雕刻出各式

花鸟虫鱼的图案，用于装饰吊顶的四周。

使用石膏，不仅施工简单而且价格便宜。但一定要注意和房间的装饰风格一致，便可达到不错的整体效果。

（客厅以石膏做吊顶，设计成波浪形态，给客厅空间带来流畅的动感。

从风水的角度来讲，波浪的形态五行属水，配上乳白色五行属金的墙体，构成金水相生的五行气场。

对命理需要水五行的人来说，这种室内色彩与吊顶形态的设计，简直是量身定做的最佳方案。）

三、突现层次

将客厅四周的吊顶做厚，而中间部分做薄，从而形成两个明显的层次。

做这类吊顶时要特别注意四周的造型设计，可根据自己的喜好设计成仿欧或是复古的风格。

（吊顶的多层设计，增加了空间向上的延伸感。）

四、精致的吊顶

如果客厅是复式或别墅式的中空客厅，在做吊顶时，就有了很大的空间余地可以利用。

可以选择如夹板造型吊顶、玻璃纤维板吊顶、石膏吸音吊顶等多种形式。这些吊顶不仅造型上相当美观，而且又有减少噪声的功能，是理想的选择。

（以木材制做的夹板造型做客厅吊顶，使棚顶的空间显现出分区的层次感。）

（客厅采用玻璃纤维吊顶，营造出华丽、明亮的效果。）

（以穿孔石膏做吊顶，可以起到吸音作用。
家居一般很少采用，多种在公众聚会的嘈杂场所。）

第八节　客厅吊顶装修宜忌

在家装设计中，客厅吊顶不仅仅起到对整个居室的装饰作用，还因为其在居室中代表"天"的含义，所以对一家之主的运势影响明显，必须谨慎对待。

客厅吊顶的天花板，高高在上，对于住宅来说，它是天的象征，因而相当重要。

一、天花板颜色宜轻不宜重

客厅的天花板象征天，地板象征地。

天花板的颜色宜浅，地板的颜色宜深，以符合"天轻地重"之义，这样在视觉上才不会有头重脚轻或压项之感。

客厅的天花板象征天，颜色当然是以浅色为主，例如浅蓝色，象征晴朗蓝天；而白色则象征白云悠悠。

二、客厅宜装置圆形阳光吊灯

室内一定要给人明亮感觉，所以客厅的灯光要充足，暗淡会影响事业发展。

客厅天花板的灯具选择很重要，最好是用圆形的吊灯或吸顶灯，因为圆形有处事圆满的寓意。

有些缺乏阳光照射的客厅，室内昏暗不明，久处其中容易情绪低落。这种情况最好是在天花板的四边木槽中暗藏阳光灯来加以补光，这样的光线从天花板折射出来，柔和而不刺眼。而阳光灯所发出的光线最接近太阳光，对于缺乏天然光的客厅最为适宜。

（客厅的吸顶灯采用白色的光线，吊顶内的藏灯也采用白色光线。白色的光线会使客厅非常明亮。）

三、吊顶宜有天池

现在许多楼层从地面到天花板不足 2.6 米，如果吊顶必然会显得压抑，影响气的流通而令居住者产生不适的感觉，进而影响到日常生活和工作的情绪。

对于这种情况，可采用四边低而中间高的天花板造型，这样一来，不但视觉上较为舒服，而且天花板中间的凹位形成聚水的"天池"，对住宅大有裨益。

若再在聚水的"天池"中央悬挂一盏金碧辉煌的水晶灯，则会有画龙点睛之效。

切勿在天花板上装镜子，因为镜子中会反映出跟地面一样的物体倒影，从心理感觉来说，头上顶着一个"世界"，处于这样的环境下，会使坐在客厅中的人有压抑感，影响身心健康。

（客厅的吊顶天池与水晶灯搭配，让居室富丽堂皇。）

四、横梁压顶不吉利

横梁压顶是家居环境设计的大忌。

横梁具有"压抑"的辐射能量，容易给处在横梁下面的人造成精神紧张，运气不振。

如果客厅上方有横梁，就要用吊顶或用吉祥装饰物遮掩，这样可消除压抑感，保持居住者的身心健康。

（客厅顶部有横梁，以横梁为边界设计吊顶，把棚顶分割成两个独

立的空间，横梁下不可放座椅，但可以设置镂空屏风或隔断柜来分隔地面空间。）

（把客厅横梁设计成开放式的门洞，是一种变不利为有利的风水设计思路。）

（餐厅正上方有横梁，为风水煞气。
把餐厅与会客厅的顶棚连成一体做吊顶。

　　餐厅上方的横梁被宽幅的吊顶挡住，化解了横梁压顶的煞气；而后吊顶过渡到会客厅，会客厅的吊顶做成吊灯的天池。

　　这种方式，完美地把横梁遮挡起来，既解决了横梁压顶的风水煞气，也使家居棚顶空间形成了独具特色的风格。）

　　（客厅的主沙发一侧被横梁压顶，会使家人运气严重受阻。

　　可以通过三种方式化解横梁压顶。

　　一是做客厅吊顶，把横梁挡住。

　　二是以横梁为顶，做镂空的墙体隔断，把横梁的两侧隔断成两个独立的空间。这两种方式，都要在做装修时才能完成。

　　如果装修已经完成，不想再进行施工，还有第三种简便的方法，就是在地面，在横梁的正下方，设置屏风柜，以屏风柜做墙体，进行地面空间隔断，这样就能避免沙发座被横梁压到。当然，这个时候，原有的沙发肯定要换成占用空间小一些的才行。）

第九节　客厅墙面装饰要点

在客厅装修中，墙面是非常重要的部位，因为墙面的面积大、位置重要，是人们视线集中的地方，所以它的装修风格、式样及色彩，对整个家居的风格、式样及色调起了决定性的作用。

客厅墙壁的装修风格也就是整个家居的风格。所以，对客厅墙面的装修是极为重要的。

一、平行式

以平行方式排列的图案能起到简洁明了、爽利干脆的装饰效果。

当然图案的排列方式可变，既可平行，也可竖挂。

总之，这种方式在构图上含有古典的对称工整的意味。

这类图画的内容选择应尽量轻松活泼，写意的因素多于工笔，这样才会使家居环境不那么刻板乏味，才更有利于实现家居的休息功能。

（电视墙的平行镂空设计。）

（电视墙的平行、横纹设计。）

二、架子式

做一个现代博古架安装在墙面上，强化墙面的装饰作用。

博古架形状可以是传统的，即多边的、多变的；也可以是现代的，即边线统一、拒绝变化。

当然里面搁置什么艺术品是关键。中心部分自然要放重量级的器物，无论自己是否有艺术品，中心位置一定不要置放塑料或者树脂类的制品。

（客厅沙发右侧以博古架进行隔断。）

博古架下方可以做成实用的储物柜，上方可以做成摆放工艺品或吉祥物的架子。

博古架还可以起到隔断空间的效果，比如把餐厅与客厅分隔开来，以区分不同空间的功能。

在客厅有横梁压顶的情况下，从地面一直抵到横梁的博古架还可以起到化解横梁压顶的作用，避免了家人在不小心的情况下坐在横梁下方，被煞气侵袭。）

（摆放陶瓷艺术品，并起到隔断空间作用的博古架。）

（拱形门的博古架，使家居体现出古典庭院式风格。）

（方形门的博古架。

两扇对称博古架形成一座方形门户，把过大的空间以镂空墙体的方式隔断成两个独立的空间。

镂空的隔断设计，使两个空间既形成空间感的整体统一，又形成功能区的划分。）

三、装饰画

客厅装饰的重点在于墙面，如果让这块宝地白白空着无所作为实在有点可惜。其实，只要稍稍加以设计，悬挂一些艺术品，整个墙面便会像涂上眼影的美女，立刻亮起来了。

（以小幅油画作为客厅墙体的装饰。）

（以传统的花鸟画作为客厅墙体的装饰。

配合复古式的吊顶，以及贴墙的博古架，家居立刻就体现出书香门第的韵味。）

第十节　客厅地面装饰要点

客厅是家庭的主要通道，所以对地面材料的抗磨损性能要求比较高。因此，在选用地面材料时，既要考虑到装饰性，又要在比较经济的条件下，尽量保证耐磨性、舒适性和安全性，还要考虑到易清洁和易保养的问题。

一、耐磨性

一般来讲，客厅的地面材料的更新周期为5—10年。

石材地面的耐磨性能最好，其余依次分别为陶瓷地砖、木地板等。

（客厅大理石地面。
以大理石图案色彩的深浅对比，形成走廊与客厅的分区。）

二、舒适性

地面过硬会使人脚感不舒适，而实木地板、地毯等弹性较好，不但脚感舒适，而且可大大降低对楼板的撞击噪声，从而在根本上解决噪声超标问题，使居室更温馨、宁静。

（用一块方式地毯，形成走廊与会客区的划分。

地毯的柔软会让人脚部更加舒适，当然，清洁起来也会麻烦一些。地毯要定时清洁，定时晾晒，防止受潮而滋生细菌。）

三、安全性

防滑性对老人和儿童活动十分重要，所以居家应尽量采用防滑性能较好的地面材料。

石材和地砖的耐磨性能好，而且容易清洁，但要注意选用防滑的材料。

北方天气寒冷，石材地面不利于冬天室内的保暖；而对于南方来说，气候炎热，石材的地面有利于增加居室的清凉感。

还有，有些石材含有对人体有害的放射性物质，有些木地板含有对人有害的甲醛，在选用地板材料之前，要多了解这些方面的知识。

（在实木地板做地面，配以地毯。

从安全性来说，地板与地毯比地砖要好很多，对于有小孩的家庭来说，可以明显减少孩子摔倒受伤的概率。）

四、易清洁

保持地面的洁净，不但可以减少细菌的滋生，而且可以延长地面材料的使用寿命。

家庭装饰装修根据居住条件和生活习惯不同，在不增加负担的前提下，选用适合的地面材料。

对于普通人家来说，防滑的石材与地砖易于用拖布清洁，在工作劳累了一天之后，比较适用这类简单的清洁方式。

对于经济条件较好的人家，可以请清洁工或者可以使用吸尘器，家居的地面就可以按需布置，比如可以在脚下铺设地毯，地毯的柔软感觉可以让人回到家后获得更加轻松的感觉。

五、易保养

地板砖的质地、材质都具有防水、耐磨、易清洁的特性，保养起来比较容易。

木地板需要定期打蜡或重新油漆，保养起来稍麻烦一些，而且地板的材质，几年之后就容易出现部分损坏的情况，需要更换，所以对于普通人家，也要从经济与精力方面考虑到这一点。

第十一节　地板与地毯的养护与清洁

一、实木地板的养护方法

（实木地板价格都比较贵，而且容易磨损，那么怎样保养能延长使用寿命呢？

1. 要保持室内干湿度恒定

如果室外湿度过大，比如遇到雨季，除了正常的通风换气之外，要紧闭门窗。如果在春秋干燥的季节，可以买个加湿器增加室内湿度。

过于干燥会使木地板变形，而过于潮湿，就会使地板发霉，都会减少地板的使用年限。

2. 避免阳光暴晒

客厅的地板，如果遇到下午强烈的阳光暴晒，时间一久，会使地板块变形拱起。

所以当下午的阳光过于强烈时，要用薄薄的日帘遮挡过于强烈的阳光。

3．避免水浸

如果不小心把大盆的水洒在地板上，使地板长时间被水浸泡，会使地板受潮损坏，要及时用干布吸水。

4．防止把沙尘带入室内

要在门外放置擦鞋垫，进门时把鞋上的沙土擦掉，而且进门要换室内的拖鞋，防止把室外的沙尘带入室内损坏地板。

平时清洁时，要用棉布材质的拖把，如果遇到顽固的油污，要使用中性的清洁剂擦拭后再用布擦干，不能使用酸、碱性的溶液，也不能使用汽油。

5．采用专门的地板养护品

传统的方法是给地板打蜡，非常费时费力，而且蜡制产品只是在地板表面形成一层保护膜，很容易被鞋袜擦掉。

建议选择专业的地板养护品，现在市场上有专门的树脂产品，可以渗透到木材当中进行滋养，效果非常好。）

二、地毯的清洁与保养

地毯是一种软性铺装材料，有别于大理石、瓷砖等硬质的地面材料，不易滑倒磕碰，家里有儿童、老人时，建议铺装地毯。

地毯很容易吸附灰尘，也不易清理干净，那么该如何清洁才好呢？

（1．地毯清理要及时

最好每天都花几分种时间用吸尘器清理一下，不要等到大量灰尘与污渍渗入地毯纤维之后再清理。只有经常清理，才能保持整洁。

在清理地毯时，要注意将地毯掀起来，把下面的地板清扫干净。

如果发现地毯有些地方出现凹凸不平，可以用蒸气熨斗轻轻熨一下。

2．地毯去污渍方法

生活中难免不小心使地毯上产生难以去除的污渍。

墨水渍可以用柠檬酸擦拭，擦拭过的地方要用清水洗一下，之后再用干毛巾擦去水分。

咖啡、可可、茶渍可以用甘油除掉。

水果汁可以用冷水加少量稀释的氨水溶液去除掉。

油污渍要用汽油与洗衣粉一起调成粥状，晚上涂到有油漆的地方，等到第二天早晨，就可以用温水清洗掉，再用干毛巾将水分吸干就好了。

3．清除碎屑与异物

地毯上落下绒毛、纸屑、头发等轻的杂物，用吸尘器可以轻易地解决。

如果不小心打破一只玻璃杯，直接清理很难，可以买一卷胶带纸，用带胶的一面把碎玻璃粘出来；如玻璃太碎的部分呈粉状了，把医用棉花蘸水，就可以把玻璃碎屑粘起来，再用吸尘器吸，就能处理干净了。

4．焦痕处理

地毯有焦痕时，如果太严重也没办法；如果不太严重，可以用硬毛刷把烧坏的部分刷掉，再找一本书压在上面，等风干后，再梳理一下就好了。

5．地毯除尘的方法

地毯摆放久了，即使每天清理，还是会吸收很多尘土，会变脏。如何清理才好呢？把扫帚在肥皂水里浸泡后再扫地毯，不要沾太多水，保持湿润就可以，然后在地毯上撒上细盐，再用扫帚扫，最后用干抹布擦干净。

清洁地毯时，有条件的可以将化纤地毯水洗，然后再晾干。

　　纯毛地毯，只好过一段时间就放在日光下晒一阵，晒的时候，正反两面都要晒到。晒干后挂在绳子上用细棍拍打，将灰尘尽量除去。这种方法，可以有效杀死地毯上的螨虫。

　　总之，如果家里用地毯，清理的时候是一项很好的体育活动，可以充分锻炼身体。当然，如果工作太忙，自己没有时间清理，就请专业的清洁工人吧。）

第十二节　巧用地毯旺运化煞

一、地毯的两种风水作用"旺运与化煞"

　　正确地选用地毯颜色，就可以利用色彩的五行旺运化煞。

　　选取主人命理喜用神五行的颜色作为客厅或卧室地毯的主颜色，就会起到增旺家运的效果。

　　如果在风水勘察时，发现家居大门的方位五行对主人不利，大门纳入了对主人不利的五行之气，而在现实中，买了房子以后，大门是固定的构造，并不能改变，这时候怎么办？

　　如果客厅较大的话，可以通过在大门内侧设置玄关来改变门向，但如果进大门后是过道，或者客厅较小，无法设置玄关或屏风，就一定需要在门上悬挂珠帘，并在地面铺设一块地毯，以色彩的五行来化解、转化大门对居家主人带来的不利。

　　所以，当您不知道地毯的色彩、图案还有风水的妙用时，您可以根据自身的喜好来选择地毯，但现在您知道了，家居的色彩，也包括地毯的色彩与图案，会对家人的运气产生影响。

　　这种影响，在平常的时候，并不明显，对日常的吉凶看似没有什么作用，但在关键时刻，比如在事业上升时期，遇到筋疲力尽的情况，需要别人推一把就能完成一次飞跃的时候，或者在形势艰难得像溺水一样

危险，需要别人伸过来一根救命树枝的时候，这点在日常看起来微不足道的影响就会决定事件结局的成败与吉凶。

二、地毯对家居的美化作用

地毯是很多人装饰客厅的首选，也是极具设计感和异域风情的体现，很多人喜欢在沙发前或者茶几旁摆放一块华丽缤纷的大地毯，既可增添美感，又可突出沙发在客厅中的主导地位。

因为每个人都有不同的审美观，所以有些人喜欢色彩缤纷的地毯，也有些人喜欢较素雅的地毯。

但若从美观角度来看，还是选用色彩缤纷的地毯为宜。因为色彩太单调的地毯，会令客厅黯然失色。

当然，如果综合考虑地毯的风水作用，考虑色彩的五行作用，那么在选择地毯的颜色时，应选择对自己命理有帮助的五行色彩为主色调。

地毯上的图案千变万化，题材包罗万象，有些是以动物为主，有些是以人物为主，有些是以风景为主，有些则纯粹以图案构成，花多眼乱，到底如何做出抉择呢？其实万变不离其宗，只要记着务必选取寓意吉祥的图案便可。那些构图和谐，色彩鲜艳明快的地毯，令人喜气洋洋，赏心悦目，这类地毯是首选。

三、根据大门方位选择旺运地毯

根据大门的不同方位，选择正确颜色的地毯来进行搭配，能够起到兴旺家运的效果。

如果明显感到自家的运气变差，请专业风水师勘察过后，可以根据风水师的建议，选择最适合自身的颜色作为地毯的主色调。

1. 大门在东方、东南方
如果大门开在东方、东南方，可在客厅铺设波浪图案的地毯，原因是波浪的形态五行属水，而东方属木，水木相生，可以起到旺运效果。

当然，东方属木，也可以使用直条图案，或绿色地毯，对家运与财运有正面的催化作用。长条形的图案形态，五行属木，而绿色五行也属木。

（黑色地毯五行属水。

家居开东门，东门五行属木；黑色地毯属水；两者搭配构成水木相生，大门被生旺。

如果家居主人的命理最需要木五行，那么大门在东方就非常有利，再加上黑色的地毯，就是锦上添花。

从实用角度来说，黑色的地毯比较耐脏。）

2. 大门在南方

如果大门开在南方，在客厅摆放直条纹或星状图案的红色地毯，可使家人充满干劲，带来名利双收之效。

（条纹图案的地毯。

条纹形状五行属木，配上绿色、黑色，加强了木五行的力量。）

3. 大门开在西南方

如果大门开在西南方、东北方，这个方位是主导财运与婚姻的，若能在客厅位置铺上星形或各种图案的黄地毯，既能带来旺盛的财运，也会婚姻和美、幸福。

（主色调为黄色的地毯。）

4．大门开在西方、西北方

如果大门开在西方、西北方，在客厅铺放格子图纹或图形的白色或金色地毯，可带来好的贵人运与财运，也可增加小孩的读书运。

（乳白色的地毯。）

5．大门开在北方

北方掌管事业，如果大门开在北方，若想找个好工作或想增进事业运，可在客厅铺上圆形或波浪圆形的蓝色地毯，有利事业的蓬勃发展。

（蓝色拼图地毯。）

第十三节　客厅的照明设计

客厅是家中最大的休闲、活动空间，家人相聚、娱乐会客的重要场所，明亮舒适的光线有助于人们情绪的放松。

光线太过强烈会使人的精神长期处于紧张状态，而如果光线过于昏暗，则会使人的精神委靡不振，所以，家居客厅最好的灯光就是明亮而柔和。

与客厅的会客、休闲功能相比，卧室是睡觉的地方，所以，卧室的灯光不必过于明亮，而应主要以柔和的光线为主，这样在睡前可以让人的精神得到充分的放松，方便人们顺利地进入睡眠。

一、主照明

主照明提供客厅空间大面积的光线，通常担任此任务的光源来自上方的吊灯或吸顶灯。

依据居住者喜好的风格，可以有不同的搭配，如气派豪华的雪花石吊灯、水晶灯、手工玻璃灯都是不错的选择。

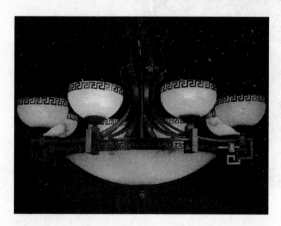

（雪花石吊灯。）

（豪华的欧式雪花石吊灯装饰效果。）

（典雅大气的水晶吊灯。）

（半圆全铜手工玻璃灯。）

（方形吸顶手工玻璃灯。）

（花形吊顶手工玻璃灯）

使用吊灯需注意其上下空间的亮度要均匀，如果天花板与下方活动空间的亮度差异过大，会使客厅显得阴暗，使人不舒服。

楼层高度低于 2.6 米的居室不宜采用多头的吊顶灯，因为这种吊顶灯体积过大，使空间都变得拥挤不堪，会让人有沉重压抑的感觉。

二、落地灯与台灯

如果家人下班后在家休息的时间较多，并习惯在客厅活动，那么客厅空间的落立灯、台灯就以装饰为主，功能性为辅助设计。

立灯是常用的辅助照明。使用落地灯需要考量天花板的高度，如果天花板过低，光线就只能集中在局部区域，会使人感到光线过亮不够柔和。

立灯的最大优点在于移动方便，对于角落气氛的营造，也十分实用。

落地灯的照明方式若是直接向下投射，适合阅读等需集中精神的活

动，若是间接照明，则可交互搭配出不同的光线变化。

现在有许多设计造型极佳的立灯，除了作为照明外，其外形自然也为客厅增色不少。

（客厅立灯起到辅助照明与装饰美观两种作用。）

（客厅沙发座两侧的方形台灯。

客厅的台灯以装饰美观为主，照明功能为辅。）

茶几旁边的桌灯。这个灯是客厅的重点照明，能弥补墙嵌灯照明的不足，亦能当阅读灯用的重点局部照明灯源。

许多桌灯的灯罩是可更换式，因此依据季节或客厅的用途都可随意变化，也能增添不少生活乐趣。

如果房间较高。宜用三叉至五叉的白炽吊灯，或一个较大的圆形吊灯，这样可使客厅显得富丽堂皇。但不宜用全部向下配光的吊灯，而应使上部空间也有一定的亮度，以缩小上下空间亮度差别。

如果房间较低。可用吸顶灯加落地灯，这样，客厅便显得明快大方，落地灯配在沙发旁边，沙发侧面茶几上再配上装饰性工艺台灯，或附近墙上安置较低壁灯，这样，不仅看书时有局部照明，而且在会客交谈时还增添了亲切和谐的气氛。

三、嵌入式灯与壁灯

客厅的光线以适度的明亮为主，在光线的使用上多以黄光为主，容易营造出温馨的效果，也可使用不同灯具，将白光及黄光互相搭配，借由光影的层次变化来调配出不同的氛围，营造特别的风格。

灯饰可以将环境装饰得更美丽、更舒适，特别是对于客厅来说，客厅照明灯饰选择布置合理的话，可以显现出不同家居风格的魅力。

嵌入式灯与壁灯大多安装在玄关、走廊或门厅，主要起引导作用，但是现在灯具造型选择增加，亦有不少家庭使用壁灯来装饰角落，也别有一番雅趣。

（家居棚顶的嵌入式小圆灯）

　　安装壁灯时，要考虑壁灯和墙面的关系，时下涂料的色彩丰富，可以通过变换墙壁色彩的方式，让壁灯在墙面上不显得孤立。

　　例如白色或鹅黄色的墙，壁灯就可以选择浅绿、淡蓝、湖绿色的；天蓝色的墙可配乳白色、淡黄色、茶色的壁灯。在底色墙面上，一盏显眼的壁灯，不但能成为点睛之笔，而且还会给人以幽雅清新之感。

（电视墙两侧的壁灯装饰。）

（雅致的铜座壁灯。）

四、射灯

　　射灯可以产生光影的效果，少量的射灯能给家居带来一些如同舞台般的动感。

　　客厅当中，射灯不宜太多，因为过多的光影效果反而会令居室光线混乱，造成光污染。

　　过多射灯光线的旋转、照射也会使视野所及的范围显得过于繁杂，让人感到眼花缭乱，失去客厅应有的温馨、舒雅氛围。

　　另外，射灯看似瓦数小，但它们在灯具上积聚的热量短时间内即可产生高温，照射时间太长容易引发火灾。

（两盏射灯给电视墙营造出舞台般的动感。）

（墙面安装了八盏射灯。）

过多的射灯使墙面失去了简洁感，显得视线杂乱。

家人工作一天的紧张情绪，在这种杂乱光线的影响下，难以得到有效的舒缓。）

第十四节　客厅灯具风格的选择

随着现代照明技术的不断进步，新材料、新工艺、新科技被广泛运用。

人们对各种照明原理及其使用环境的深入研究，突破了以往单纯照明、亮化环境的传统理念。

在选择灯具时，要注意灯具的形状、风格、色彩、主题等方面要与客厅的整体风格搭配，这样才能形成协调、美观的家居环境。

一、中式灯具

中式灯具讲究色彩的对比，图案多用诸如清明上河图、如意图、龙凤、京剧脸谱等中式元素，强调古典和传统文化神韵的感觉。

中式灯的装饰多以镂空或雕刻的木材为主，宁静古朴。其中仿羊皮灯的光线柔和、色调温馨，给人宁静、舒适的感觉。仿羊皮灯主要以圆形和方形为主。圆形的灯大多是装饰灯，在家里起画龙点睛的作用；方形的仿羊皮灯多以吸顶灯为主，外围配以各种栏栅及图形，古朴端庄、简洁大方。

中式灯也有纯中式和简中式之分。纯中式更富有古典气息，简中式则只是在装饰上采用一点中式元素。

在进行选择时，需结合整体环境，无论材质还是造型，不能喧宾夺主，以融入环境又能画龙点睛为最佳。

（中式吸顶仿羊皮灯。）

（中式烫金仿羊皮灯。）

（中式镂空仿羊皮灯。）

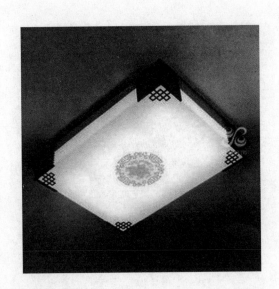

（中式现代仿羊皮灯。）

二、欧式灯具

欧式造型的灯具具有华丽的装饰、浓烈的色彩，以精美的造型达到雍容华贵的装饰效果。

在细节上，欧式灯具注重曲线造型和色泽上的富丽堂皇，有的灯还会以铁锈、黑漆等造出斑驳的效果，追求仿旧的感觉。

在材质上，欧式灯多以树脂和铁艺为主；其中树脂灯造型多样，可有多种花纹．贴上金箔银箔显得颜色亮丽、色泽鲜艳；铁艺等造型相对简单，但更有质感。

欧式造型的灯具与家具进行搭配，能够准确表现欧式家居风格，大可根据自己的喜好选择有仿古质感的造型或华丽明艳的风格。

（欧式吊顶烛形灯。）

（欧式吊顶花形灯。）

（欧式吊顶伞形灯。）

（欧式浪漫吸顶灯。）

（欧式雨滴吸顶灯。）

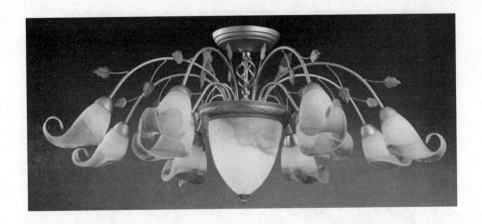

（欧式散花吸顶灯。）

（欧式双圆水晶灯。）

（欧式方形水晶灯。）

三、美式灯具

美式灯与欧式灯相比，似乎没有太大的区别，其用材与欧式灯一样，多以树脂和铁艺为主。

美式灯注重古典情怀，风格和造型上相对简约，外观简洁大方，更注重休闲和舒适感。

如果家中多选用美式家具，那么美式灯自然是最完美的搭配。

有时，在一个现代中性风格的装修中，挑选一个角落安装一盏美式灯，也能为你带来闲适的心情，在繁忙的生活节奏中享受一段宁静。

（美式烛心吊顶灯。）

（美式简洁吊顶灯。）

第十五节　客厅八方的八卦布局

客厅布局的好坏，直接关系到家庭成员是否能和睦相处、人际关系是否良好等。这些因素最终都将影响家庭的运势和前景。

客厅的八个方位，每个方位都有自己的卦气与五行，所以，布置好客厅的八个方位，尽量做到客厅家具布置与卦气相应，将非常有利于提升家运。

如果能有专业风水师结合居家主人的命理，进行家庭个性风水设计，效果会更好。

一、正东方位

正东方为震木。

客厅的正东方关系着居住者的健康。

在这个区域放置茂盛的植物可促进家人的健康和长寿。

属水的物品或山水画也都有帮助，水可养木，是植物生长不可或缺的元素。

（客厅的东方位五行属木，所以在客厅东方位摆放与水、木五行有关的事物，可以旺起东方木五行之气。

如果家居东方缺角，可以通过这种方式弥补因缺角造成的木气缺乏。

如果居家的主人命理木五行过旺，就不可以再增加木五行的力量，而应采用化泄或克抑的方式减弱木五行的力量。午马生肖属火，摆在家居东方位可以起到以火化木的作用。摆放金属制工艺品，或者摆放铜猴、铜鸡生肖，可以起到克制旺木的作用。）

二、东南方位

东南方为巽木。

客厅东南方代表一个家庭的财属木行，颜色为绿色，所以在这个方位摆设属木的物品可有招财的效果，其中又以圆叶的绿色植物效果最好。

（金钱树是圆叶绿色植物）

三、正南方位

正南方为离火。

客厅的正南方代表声名运，属火行，颜色为红色。

正南方适合悬挂凤凰、火鹤或日出的图画，红色地毯或红色的木制装饰品也很合适。

在这个方位装设照明灯更可增加声名运，特别是对负责生计的家长非常有帮助。

（太阳的五行属火。

日出的图画，可以增加家居火五行的力量。）

四、西南方位

西南方为坤土。

如果想增进婚姻或恋爱运势，那么客厅西南方位的布置最为重要了。

在此处放置吊灯式的台灯可增加能量，促进夫妻关系和谐。

放置天然水晶和全家福照片也有相同的效果。

（天然黄水晶五行属土，可以增加西南坤卦的坤土力量。）

五、正西方位

正西方为兑金。

客厅的正西方关系着子孙运势，属金行，颜色为白色、金色和银色。

金属雕刻品、金属风铃、电视和音响都很适合摆设在此区域。

此外，摆设白色花瓶或天然水晶也有催化子孙运的功效。

（金属风铃五行属金，可以增加西方兑金的力量。

当家居周围有建筑施工时，土气旺盛，如果家居主人的命理忌土的话，遇到这种情况运气会变衰，诸事不顺。

这时可以通过悬挂金属风铃来化解，因为风铃是动态的金，所以对于化解旺土五行的不利很有效。）

六、西北方位

西北方为乾金。

强化客厅西北方位的能量，有助于增加贵人运和人际关系。

这个区域属金，适合摆放白色、金色或银色的金属饰品，例如金属雕刻品或金属底座附加白色圆形灯罩的台灯。

（西北乾卦属金。

车为乾卦，所在西北方位摆放一辆金属制做的车辆模型，可以起到增加乾金卦气的作用。）

七、正北方位

正北方为坎水。

客厅的正北方代表事业运，属水，颜色为蓝色或黑色。

在这个方位放置属水的物品对居住者的事业运有帮助，例如鱼缸、山水画、水车等，放置黑色的金属饰品也可以，能提升居住者的事业运。

（水雾喷泉盆景。

电动的水雾喷泉可以激起水五行的旺气，增加坎水的力量。）

八、东北方位

东北方为艮土。

如果家中有小孩正要参加考试，最好注意东北方位的布局。

这个区域属土，用色为黄色和土色，陶瓷花瓶、天然水晶、文昌塔都适合用来增强这个区域的能量。

（东北方为艮土，艮卦也为少男，所以对家中小男孩的运气影响很大。

文昌塔有旺学业的功效，黄玉文昌塔，黄色为土，玉石为土，所以在东北方位放置黄玉文昌塔摆件，可以旺起孩子的读书运。）

第十六节　客厅财位的旺财布局宜忌

　　在家居当中，进入大门之后，一般是进入客厅的，这个时候，进门客厅对角线的位置叫做财位。

　　财位包括三种情况：如果住宅门开中央，财位就在左右对角线顶端上；如果住宅门开左边时，财位就在右边对角线顶端上；如果住宅门开右边时，财位就在左边对角线顶端上。

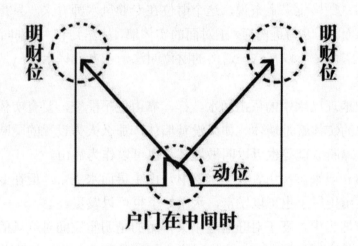

（家居财位的确定。

当房门在中间时，财位在门两边对角线的位置。）

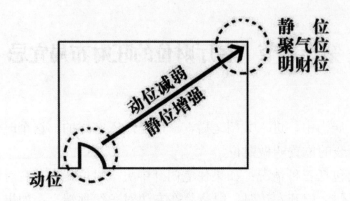

（当房门在一侧时，财位在远处的对角线位置。）

　　这种对财位的确定，是以大门纳气为动，而聚到对角处为静，是以气流的动静、流淌与停蓄来确定的。

　　其实从严格意义上来说，这个财位在专业风水师看来，只是靠山位的一部分而已。因为进门后，正对面的实体墙，从左到右，分别叫做"福、禄、寿"三山，所以，这个通俗的财位叫法，在专业风水上只是靠山位的一部分。

　　就像地理风水中的依山面水一样，靠山位不能空，要有实体，而在家居当中的实体就是墙体。如果没有墙体，那么人为设置的隔断柜、隔断屏风、隔断玻璃等也可以叫做墙体，也可以作为靠山。

　　虽然一般来讲，山管人丁水管财，山主贵而水主富，但在专业风水师眼中，山用好了也可以发富，水用好了也可以发贵。

　　在家居当中，真正对旺财起重大作用的是明堂空间对气场的积聚作用，也就是客厅中间的一块空地对进出气流的积蓄作用。这个作用我们前面章节已经多次讲过了。

　　而这里所说的进门对角线位置的财位，是指进门的气流到了对角线的位置，遇到了墙体的拐角，最易停蓄。其实，这个位置也是客厅地面的一部分，是客厅明堂的一部分，从这个角度来理解，财位确有旺财的作用。

（如图，进门左侧对角线处为财位。

右侧是客厅进入阳台的大门，漏空了，不是财位。

其实大门正对客厅阳台的窗，如果阳台门与窗都在大门正对位置打开的话，就会形成气流直进直出，就会漏财、破财。

所以，客厅与阳台之间的门最好设玻璃的推拉门，而阳台的窗户也设置推拉窗。推拉门的财位处，平时要关住，这样这个财位就能发挥旺财的作用；而阳台的窗户，与大门正对的位置，要以推拉窗挡住，只开两侧的窗，这样一来，就不会让进入大门的气流从窗户直冲出去，就最大限度地避免了漏财。

从以上分析可以看出，财位只是影响家居财运的一个方面。整个家居，门、窗等的格局都会对家居财运的好坏产生影响。最终影响家居财运好坏的，是家居风水格局的综合因素。这些综合因素中的各个单项，如果多数做到了符合风水原则，财运就会非常好；如果多数违背风水原则，只有少数做到，财运就差些。）

（如图，进门右侧对角为墙体，此宅只有右侧的财位。
左侧为对卧室大门，不是财位。）

一、财位忌无靠

　　财位背后最好是坚固的两面墙，因为象征有靠山可倚，保证无后顾之忧，这样才可藏风聚气。
　　反过来说，倘若财位背后是透明的玻璃窗，这不但难以积聚财富，而且还因为容易泄气，会有破财之虞。

二、财位应平整

　　财位处不宜是走道或开门，并且财位上不宜有开放式窗户，开窗会导致室内财气外散。若有窗户可用窗帘遮盖或者封窗，财位才不致外漏。财位要尽量避免柱子和凹处，若此处恰是通道则可放置屏风，这样既能避免穿透的尴尬，亦可形成一个良好的财位。

三、财位忌凌乱振动

如果财位长期凌乱及受震动，则很难固守正财。所以财位上放置的物品要整齐，也不可放置经常振动的各类电视、音响等。

四、财位忌受污受冲

财位应该保持清洁，倘若厕所浴室在财位或杂物放在财位，就会玷污财位，令财运大打折扣，不但使财位不能招财进宝，反而会令家财损耗，财位也不宜被尖角冲射，以免影响财运。

（厕所门冲财位，使财位受污，不利财运。

房门正对直冲主卧门，不利婚姻。）

（进入大门后是长直的走廊，对面是主卧卫生间的墙，所以，最好在出了走廊，进入客厅的地方，放一个镂空的屏风柜。

屏风有改变门向的作用，其实质是改变纳入气流进入客厅的流向。

加了屏风之后，整体大厅的财位就变到了餐桌所在的墙角与主沙发所在的墙角。

因为餐厅一侧的墙角是厨房操作台，所以，最好设置一个拐角屏风，把通向餐厅一侧的出口挡住。这样，遇到屏风后，只能向右拐入会客厅，这样，财位只有一个，就是沙发座所在的墙角，这个位置保持整洁、光亮，或者摆放观赏植物、或者摆放风水吉祥物都可以起到旺财作用。）

（如图，此宅财位在进门玄关处。

此处最忌摆放鞋柜，也忌堆放杂物。

宜有玄关顶部照明，保持明亮；宜摆放大叶观赏植物；宜摆放装饰柜，柜上摆放风水吉祥物。）

五、财位不可受压

财位受压会导致家财无法增长，倘若将沉重的衣柜、书柜或组合柜等放在财位，令财位压力重重，那便会对家宅的财运有百弊无一利。

六、财位宜亮不宜暗

财位明亮则家宅生气勃勃，因此财位如有阳光或灯光照射，对生旺财气大有帮助；如果财位昏暗，则有滞财运，需在此处安装长明灯来化解。

七、财位宜坐宜卧

财位是一家财气所聚的方位，因此应该善加利用，可把睡床或者沙发放在财位上，在财位坐卧，日积月累，自会壮旺自身的财运。

此外，如果把餐桌摆在财位也很适宜，因为餐桌是进食之所，在补充能量的同时，又吸收财气，一举两得。

（财位为餐厅，所以最宜一家之主坐在此位。

但这套住宅，大门正对直冲卧室门，明显对居住在这个卧室当中的人不

利，影响此人的婚姻情感与人际关系，所以在进大门处，设置一个镂空的屏风柜就非常有必要。

如果在进大门处设置了屏风，那么大门纳入之气会在进门之后，左拐进入客厅，而财位就会转移到客厅窗子的两侧墙角处，这个时候，客厅的窗户，通风换气时应尽量避免开两侧，只开中间即好。两侧墙角的财位保持干净整洁，可以摆放观赏植物，既旺起财位，又美化家居环境，一举两得。）

八、财位宜放吉祥物

财位是财气凝聚的所在地，若在那里摆放一些寓意吉祥的招财物件，例如福、禄、寿三星或是文武财神的塑像，这会吉上加吉，有锦上添花的作用。

（福、禄、寿三星。

福、禄、寿三星是中国传统道教的三位神仙。

福星抱着小孩，手持福字卷轴，喻意多子多福，能给人们带来好运；

禄星手捧金元宝，给人们带来财运；寿星手托蟠桃，象征家人健康、长寿。

福、禄、寿三星，是人们对美好生活的一种向往。

把三星安放在财位，有兴旺家运，保护家人安康的作用。）

（文财神范蠡。

文财神有范蠡、比干、财帛星君、禄星等几种。

其中范蠡与比干是历史当中的名臣，财帛星君与禄星是传说中的神仙。

比干是商朝的忠臣，为谏纣王而自剖心脏而亡；范蠡是助越王勾践卧薪偿胆，雪耻灭吴，重新建立越国的功臣，他功成身退，弃官不做，通过经商成为大富翁。）

（武财神赵公明。

赵公明为道教神仙，为道教护法坛主，也是最早的正财神。

在民间传说封神演义当中，赵公明受封为"龙虎玄坛真君"，麾下有四员大将，分别为"招宝天尊"、"纳珍天尊"、"招财使者"、"利市仙官"，这四位神仙，专管迎祥纳福、商贾买卖。

赵公明为这四位神仙的主管者，所以理所当然地成为人们争相供奉的正财神。）

九、财位宜放植物

财位宜摆放生机茂盛的植物，不断生长，可令家中财气持续旺盛，运势更佳。因此在财位摆放常绿植物，尤其是以叶大或叶厚叶圆的黄金葛、橡胶树、金钱树及巴西铁树等最为适宜。

但要留意，这些植物应该用泥土来种植，不能以水培养。

财位不宜种植有刺的仙人掌类植物，如不明就里，则弄巧成拙，反而会对财位造成伤害。

藤类植物由于形状过于曲折，最好也不要放在财位上。

（黄金葛。

黄金葛叶大而鲜亮，颜色为嫩绿色，并伴有一些金黄色的条纹，具有富贵的气象，是居家常用的大叶观赏植物。）

（盆栽橡胶树。

橡胶树叶圆大肥厚，润泽而亮丽，是家居风水旺财位常用的植物。）

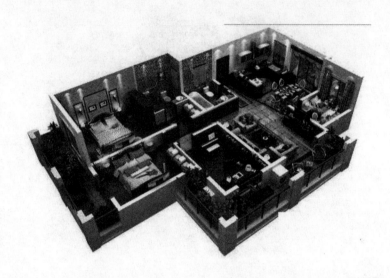

（财位在客厅电视墙一侧的墙角，所以最宜摆放绿色植物。

因为大门正对阳台窗，在风水格局上主漏气漏财，所以此处的阳台门宜用玻璃推拉门挡住，做到既要透光又不直冲漏气。）

第十七节　客厅沙发的选购与布置

一、如何选购到合意的沙发？

沙发是客厅的核心所在，是招朋待友的地方，不经意的选择也透露了你的品位，更是你的面子问题。

如何选择一款合适且舒适的沙发很重要。

1. 看沙发框架结构是否牢固

一般沙发的框架都采用实木框架，多以桦木为主，这种木材强度高，

密度大，承重量也大。

此外，如果需要，可以让销售员打开底柜来看。木料要光滑，没有树皮、断裂、虫蛀、糜烂等情况，而且要求横平竖直，没有圆形的弯曲。

购买时可以用手向左右推动沙发，若感觉有晃动或发出响声，则说明结构不牢固。

2. 看沙发细节是否完美

一般家具商家在介绍自己产品时都介绍自己的强项。对于那些避而不谈的内容，消费者应当加倍注意。

沙发表面是否会起球、海绵是否有弹性、包布花纹是否拼接一致、缝纫针脚是否均匀平直和严密等。

还有，要注意外露的金属附件是否有金属毛刺、锐角，沙发的扶手是否出现高低不齐。

3. 亲自坐上去体验

坐下来试一试，感觉一下座、背的倾角或背座上面弧度是否同腰、背、臀及腿弯四个部位贴切吻合；枕部同背的高度是否完美，两只胳膊自然伸开放平时是不是和扶手相合。

坐感舒适，起立自如很重要。一般情况下，人体坐下后沙发坐垫以凹陷十厘米左右最好。站起来后看一下臀部、背靠部和扶手处的面料是否有明显松弛且很久恢复不了的褶子，倘若有，说明材料的弹性太差，不值得购买。

二、客厅沙发布置原则

客厅布置以宽敞为原则，最重要的是体现舒适的感觉。

客厅的家具一般不宜太多，根据其空间大小需要，通常仅考虑沙发、茶几、椅子及视听设备即可。

沙发是客厅中用来休息、闲谈及会客的家具，一张舒适的沙发，是

客厅不可或缺的。那么，客厅的沙发如何摆放才能既符合风水原则，又有兼顾舒适与美感呢？

1. 以方正、圆形为佳

沙发尽量以方正或带圆形为好，这样不仅摆放的时候可以合理利用空间，有利于家人的亲密，而且不会因为形状怪异而产生不好的风水气场。

如果选择的是弧形沙发，摆放时候弯入的那面要朝向人，不可以逆对人。

（圆形半包围的沙发，自然形成风水当中的"山环水抱"之势，这种形状，具有较好的亲和力，能更好地给会谈的人带来友好的氛围。）

2. 沙发宜有靠

现在不少人追求时尚，喜欢选择没有靠背的沙发，这样的沙发最好摆设在靠墙的位置，使之有靠山的效果。

（沙发座如果没有依靠，时间一长，就会使家人在事业与人际关方面的运势变衰。

如果命理中的官杀为忌的大运与流年出现，再遇到这种风水，两者合力，会给家人带来官司口舌，严重的会产生牢狱之灾，富贵荣华转眼间消失殆尽。

解决的方法就是沙发座一定要靠墙摆放。

如图所示，沙发没有依靠，是败运的风水。

如果客厅非常大的话，沙发不想靠墙摆放，可以在沙发座的后面设置一个屏风柜、或者半墙体的装饰柜等作为沙发的依靠。

很多高档的宾馆或酒店，高级套房的客厅非常大，沙发的摆放常常没有依靠，如果是短期居住，只会应验如流水般的花钱消费，如果长期居住的话，比如三个月以上，就会对身体健康或者事业方面产生负面影响了。）

（以木制的格子屏风隔断，作为客厅沙发的依靠，既解决了过道的采光，也使沙发后背有依靠；既符合居家美观的设计，也解决了风水问题。）

3. 面对式摆放

面对式的摆放使聊天的主人和客人之间容易产生自然而亲切的气氛，但对于在客厅设立视听柜的空间来说，又不太合适。因为视听柜及视屏位置一般都在侧向，看电视时，主座位也要侧着头，是很不妥当的。所以，较多的做法是将沙发与电视柜正面相对。

4. "L" 式布置

"L" 式布置适合在小面积客厅摆设，视听柜的布置，一般在沙发对角处或陈设于沙发的对面。

"L" 式布置法可以充分利用室内空间，但连体沙发的转角处是不宜坐人的，因这个位置坐人会产生不舒服的感觉，也缺乏亲切感。

（小户型的客厅，因为空间面积不够大，所以利用客厅的一角，把沙发做"L"式布置，沙发的两个边都靠着墙。这是一种对空间利用常好的风水设计。）

5."U"式布置

"U"式布置是客厅较为理想的座位摆设，能营造出更为亲切而温馨的交流气氛。

（客厅沙发呈U形布置是最理想的形式，符合风水原则当中左右龙虎护卫的格局，代表人际关系的融洽，在事业方面能得到他人的帮助，也代表夫妻感情的和谐。）

6. 沙发处的照明

出于照明的需要，有时人们会在沙发顶上安装灯饰。如沙发头顶有光直射并且太接近沙发，会令坐在沙发上的人情绪紧张、头昏目眩、坐卧不宁。可将灯改装，使光线射向墙壁，不要直射在沙发上，可略为缓解。

三、客厅沙发靠垫的选择

靠垫是非常实用的装饰品，在客厅沙发上放几个别致的靠垫，既实用，又有较强的装饰效果位，同时可营造出温馨休闲的家居氛围。

1. 靠垫的图案

靠垫的图案可以是五花八门、千姿百态的，如动物图案、水果图案或其他有趣的图案。当然也可以用独幅画式或抽象图案中的一部分，甚至可以是单独的布色，只要在色彩上能与客厅环境切、调就行。

靠垫的选料用色因人而异。深色图案的靠垫雍容华贵，适合装饰豪华的家居；色彩鲜艳的靠垫，适合现代风格的房间；暖色调的靠垫，适合老年人使用；冷色调图案靠垫多为年轻人采用；卡通图案的靠垫则深受儿童喜爱。

（沙发靠垫的色彩与图案应与沙发的色彩相匹配。）

2．靠垫的造型

靠垫的造型主要有方形、圆形、心形、三角形、月牙形以及各种动物和卡通造型，柔软贴身，拆洗方便。

如果只想改变沙发的面貌，选用多种靠垫来装饰沙发显然更简便易行。选择与沙发颜色相近的三四种布料制作几个靠垫，就能改变风格。

3．靠垫点缀客厅

将靠垫放在沙发上，不仅可调节沙发的高度、斜度，而且可增加柔软度，使人感到舒服，同时还能使衣裤与沙发边框等减少摩擦。

靠垫除实用性外，其主要作用还在于点缀室内环境，活跃居室色彩气氛。如一间平淡、缺乏生气的房间，只要在室内摆放几只五颜六色的靠垫，气氛立刻就活跃起来。

第十八节　客厅茶几的选择与摆放

在客厅的沙发旁边或面前，必定会有茶几等摆设来互相呼应。茶几是用来摆放水杯及茶壶的家具，在沙发附近摆放茶几是不可或缺的。沙发宜高大，茶几宜矮小，这样看上去才会协调。

1．玻璃茶几变幻空间

玻璃质地的茶几在近年来有了很大的发展，由于是玻璃质地，这样的茶几也就具有明澈、清新的透明质感，经过光影的空透，富于立体效果，能够让空间变大，更有朝气。

特色搭配：与玻璃茶几相配的沙发有很多种，藤编布艺沙发、木制沙发、真皮沙发等，都适合搭配玻璃茶几。而雕花玻璃和铁艺结合的茶几则更适合古典风格的空间。

（黑色烤漆的玻璃茶几与欧式沙发搭配。）

2. 木茶几传统氛围

木质的茶几能给人带来温暖、平和的感觉。而红木茶几、木质雕花或拼花的茶几则高贵富丽，更适合营造欧式古典或者中式古典氛围。一般来说，欧式古典家具中的茶几还会用金属材质包边，显得更加华丽。

特色搭配：简约式的原木茶几非常适合和浅淡色泽的真皮沙发或布艺沙发相配。纯红木茶几，属于中式风格，搭配应该和明清式桌椅对应。

（客厅实木茶几与其他木质家具相配，形成整体上传统、古典式的宁静家居风格。）

3．石茶几自然大气

石质的茶几主要突出其纹理，在石头上自然生成的花纹，能够让人感受到一种气势和自然美。

特色搭配：大理石制作的茶几适合摆放在空间很大的客厅中，与奢华的真皮沙发或者极具质感的红木家具搭配。

（欧式风格的沙发与大理石茶几，给客厅带来奢华、亮丽的感觉。）

4．茶几形状宜长方形

茶几的形状以长方形最为理想，圆形亦可，带尖角的菱形茶几绝对不宜选用。

人坐沙发中，茶几高不过膝，则合乎理想。

第十九节 客厅电视墙的装修设计

一、电视背景墙的装修风格

电视背景墙是家庭的一个窗口，它在"众目睽睽"之下把主人的爱好、品位告诉大家。所以，在家装设计中，电视背景墙也成了设计的"焦点"，以下几种装饰方法可以轻松地打造出个性化电视背景墙。

1. 字画电视背景墙

这是最常用的一种背景墙装饰方法，比较受偏爱中式古典风格人士的喜爱，在电视墙上悬挂一组字画，能充分体现主人的品位，颇显雅致。

如果采用铁艺雕花、色彩优美的油画，再加上点缀其间的瓷盘、古玩，能营造出典型的欧式乡村风情。

一般来说，风雅型的背景墙深受中年人的喜爱，不少从事艺术类工作的人也喜欢在电视背景墙悬挂各种流派的字画，而且这些装饰与室内其他地方往往都有呼应。

（简洁风格的字画电视背景墙。

　　以字画做电视背景墙时，画面结构最好是简洁的风格，而色彩最好给人以淡淡的空明感，这样会让人的视觉神经感到放松与舒适。

　　如果画面过于繁杂，或者色彩过于鲜艳，会给眼前的视野带来凌乱的感觉，使人的精神难以放松。）

　　（繁杂风格的字画背景墙。

　　看电视时，人的视觉神经会自然而然地对眼前的景象对比产生反应。

　　电视墙的风格与电视播出内容会形成动静对比、简繁对比，所以，只有电视背景墙以静、简为主，才能突出电视内容的动、繁效果。这样主次分明，人才会感到精神上的放松。

　　如果电视背景墙画面图案与色彩过于繁杂，就会使人的视野一片混乱，视觉神经处于紧张状态，违背了居家放松、休闲的原则。

　　从风水上讲，视线前方为朱雀方，应以简明、空明的风格为主。这样代表一个人在处理事务时条理分明。如果前方杂乱，做事就会常常茫无头绪、主次不分，乱做一团，结果对居家财运产生不利影响。）

2．大面积墙面的混搭风格

如果背景墙面积较大，无论横向还是纵向，都可以充分利用。

大气型的背景墙应该避免的是单调，可以用两到三种不同材料来打造，比如大理石、玻璃、实木贴面、壁布等，都是做出气势的合适材料。

另外，墙面造型上可以略有层次感，寥寥几笔的勾勒就能让这面墙生动起来。

背景墙做得大气跟设计手法有关，即使小户型的客厅，只要设计得当，也能做出大气的效果。

这种风格一般深受男性的喜爱，它能反映出人的气度和心胸。

（电视背景墙以混搭风格体现出多层次的空间感。）

3．实用型装饰柜电视背景墙

将墙面做成装饰柜的式样，具有收纳功能，可以敞开，也可封闭，但整个装饰柜的体积不宜太大，否则会显得厚重而拥挤。

　　有的年轻人为了突出个性，甚至在装饰柜门上即兴涂鸦，也是一种独特的装饰手法。

　　这种做法很实用，适合存放小件杂物和书籍较多而又没有书房的年轻人借鉴。

（装饰柜风格电视背景墙。

　　装饰柜摆放的物品以数量少而造型简单为主，如果摆放物品过多，会使前方视野过于凌乱，反而起到相反的效果。）

（装饰柜风格电视背景墙。

装饰柜紧贴墙体而设在侧面，与电视墙面拼在一起，既有实用功效，而正面又简洁美观，实现了实用性与艺术性的统一。）

4. 灵活搭配的木饰面板

木饰面板在装修过程中应用得非常广泛，比如门窗、橱柜、家具等，都有可能用到木饰面板。因为它花色品种繁多，用来做背景墙，不易与居室内其他木质材料发生冲突，可更好地搭配形成统一的装修风格，清洁起来也非常方便。

如果你还是觉得太单调，木饰面板上再挂一幅喜爱的字画，效果会更佳。

（木饰面板电视背景墙。

木饰的背景墙会给人一种回到自然的感觉，而且木制品是家居装饰中最环保的材料。）

（木制镂空中式电视背景墙。

镂空的设计使客厅的自然光线可以透入到餐厅。虽然进行了功能区的隔断，但两个功能区的空间，因为镂空与镶玻璃的透光效果，而看起来仍有空间一体的感觉。

中式镂空设计配合其他木制家具，使居家体现出古朴、典雅的感觉，再搭配上几幅字画，就是书香门第了。）

5. 玻璃、金属装饰有现代感

采用玻璃与金属材料做电视背景墙，能给居室带来很强的现代感，所以它也是人们常用的背景墙材料。

用玻璃或金属等材质，既美观大方，又防潮、防霉、耐热，还可擦洗、易于清洁和打理。

也可用烤漆玻璃做背景墙，对光线不太好的房间还有增强采光的作用。用玻璃做成造型，看上去极具现代感。

（极具现代感的艺术玻璃电视背景墙。）

（金属材料与玻璃混搭风格的电视背景墙。

白色的金属材料与棕茶色的玻璃形成色彩的明暗对比，使背景墙呈现出动感与时尚气息。）

6. 精致的文化造型

采用纹理粗糙的文化石镶嵌。

从功能上说，文化石可以吸音，避免音响对其他居室的影响，从装饰效果上看，它烘托出电器产品金属的精致感，形成一种强烈的质感对比，十分富有现代感。

（文化石电视背景墙。

文化石分为天然文化石与人造文化石两类，颜色多样。

天然文化石从材质上可以分为沉积沙岩和硬质板岩。

人造文化石是以浮石、陶粒等无机材料经过加工而成。

用文化石做家居的背景墙，可以使家居环境具有自然风光的格调，配上合适的绿色观赏植物，可以为家居营造出如园林般的环境。）

7. 多姿多彩的墙纸、壁布

现在的墙纸、壁布色彩鲜艳、花纹漂亮，随着加工工艺的进步，不仅更加环保，还有遮盖力强的优点。用它们做电视背景墙，能起到很好

的点缀效果。如果你是个容易"喜新厌旧"的人，用墙纸、壁布做电视背景墙更换起来非常方便。

如果怕会产生视觉疲劳，可以选用颜色较浅的花色。把自己的结婚照或生活照用作电视背景墙，感觉也非常温馨。

（墙纸电视背景墙。

墙纸与壁布的背景墙，最大的特点就是造价便宜，并且更换方便，最适合那些喜欢每隔一段时间就想改变一下家居环境的人。）

8. 艺术喷涂做背景

油漆的色彩变化万千，采用不同的颜色形成对比，打破了客厅墙面的单调，给人的视觉感很强。用油漆做电视背景墙要特别注意的是，在色彩的搭配上一定要注意与客厅其他部分协调。

如果觉得油漆色彩太单调，无法达到审美要求，可将各种色彩的油漆混合使用，采用喷涂技术制作出各种墙面效果。

（艺术喷涂电视背景墙。

艺术喷图、墙体手绘、墙体雕刻等方式，可以给居家增加优雅的艺术气息。）

9．装饰架做电视背景墙

在电视墙区域设置一些空间，可用来摆放一些自己喜爱的装饰品。这样一来，可选择的余地就非常大了，而且随时可以替换，简单又不失品位。

但是特别要注意在灯光的布置上处理要得当，用来突出局部照明的灯光不能太亮，否则，可能会影响电视收看效果。

（装饰架隔断电视背景墙。

以装饰架进行家居功能区的隔断、安放电视、摆放吉祥物或艺术品，底部还可以设计成各式储物柜，这种一物四功能的设计，是家居与风水设计当中的杰作。）

二、客厅电视柜的选择

电视柜是客厅的视线重点之一，根据客厅的大小和风格，合理选择不同材质和造型的电视柜，便能为居室增色不少。

电视柜不但可以安置多种视听器材，而且可以作为业主收藏品的展示，发挥储藏收纳的作用。

1. 不同材质——营造异样风情

家具市场上的电视柜造型各异，所用材质也五花八门。

不同材质的电视柜，可以搭配出风格各异的家居环境。

现代风格的居室，可以搭配一些色彩鲜亮、造型简约的人造板电视柜。采用亮白色、红色和黄色等鲜亮的色彩，更能彰显时尚的气息。

对于面积有限的小户型客厅，可以选择体积不大、玻璃材质的电视柜。玻璃通透性好，具有延伸视觉空间的作用，让小户型看起来更宽敞。

选择不同材质的电视柜，还需注意与居室其他空间相统一，避免各自独处，搭配不协调。

（简约型的电视柜。

现代家居基本都采用液晶电视，所以简约型的电视柜在电视下方起到承托的视觉空间效果。

电视柜的抽屉当中，只存放与影音相关的辅助设备，而不摆放其他饰品。

这样的电视柜与液晶电视形成简洁、开阔的视野，具有非常好的放松身心的作用。）

2. 方便实用——收纳功能强大

即便房子很宽敞，还是有不少人抱怨空间不够大、东西没地方放。其实只要合理运用好收纳家具，再小的空间也可以营造出整洁宽敞的感觉。一个收纳功能强大的电视柜能让客厅既整洁又美观。

市面上的组合电视柜一般带有多个抽屉与多层隔板，可以摆放或储藏从小家电到光碟等杂物。这些都得益于电视柜中抽屉和隔板等设计元

素。

如果选择抽屉为下翻盖设计便可以把 DVD 机等视听设备轻松地置入其中。

多层隔板的设计也可以丰富墙壁背景，同时也能展示主人的兴趣爱好及生活品位。

选购电视柜之前必须确定好电视机、音箱、DVD 机的尺寸以及电视柜的承重范围，避免购买电视柜后却摆放不了相关的家电。

（储物型的电视柜。

这类电视柜可以有多种设计造型，但都突出了储物、摆放饰品的功能。

要注意的是，摆放的吉祥物品或工艺饰品不能过多，否则会使视野显得杂乱无章。）

3. 选购产品——关注五金细节

无论是实木、人造板还是玻璃材质的电视柜，选购时都需要关注其

细节处理。多数电视柜都含有五金件。五金件的质量直接影响家具的使用寿命，因此在选购的时候需要特别注意。

　　具体来说，可以先通过触摸电视柜的合页、拉手等五金件，看其表面是否光滑平整，表面粗糙则说明做工不够精细。还可以拖动抽屉和门扇，看其开合是否流畅，质量较差的五金滑轨推拉不流畅。

　　选择什么样的电视柜可以根据装修风格而定，另一方面也由客厅和电视机的大小决定。如果客厅和电视机都比较小，可以选择地柜式电视柜或者单组玻璃台式电视柜；如果客厅和电视机都比较大，而且沙发也比较时尚，就可以选择组合拼装视听柜或者板架结构电视柜，背景墙可以刷成和沙发一致的颜色。

（电视与音响组合柜。

　　最上层承托电视，二层摆放音箱，底层储物柜。）

第八章　家居餐厅的环境布局

　　餐厅是居家生活的重要场所，毕竟在衣、食、住、行当中，吃饭关乎人的基本生存与健康。

　　在风水当中，餐厅对家人的健康、财运、亲情融洽等方面，都有非常重要的影响。

　　餐厅的布局设计要求简单、卫生、便捷、舒适，我们可以根据户型与个人的喜好，创造出各种不同的风格。

第一节　餐厅的旺运与化煞

　　俗话说，家和万事兴，布置良好的餐厅环境，可使家庭和睦、身体健康，既可以凝聚家庭成员感情融洽，也有招财纳福的作用。

一、餐厅旺运与化煞风水布局

　　餐厅和厨房的位置最好相邻，避免距离过远，一出厨房就是餐厅更佳，这样动线最短，方便把做好的饭菜及时放摆上餐桌。

　　居家的餐厅在有条件的情况下，尽量不要设在厨房当中，因为油烟及热气较大，在其中无法轻松地用餐。

　　从居家风水的角度来讲，餐厅最好设在一家之主的命理喜神或用神方位，因为在吉位用餐，能旺起主人的运气，从而带动一家人的运气。当然，如果要做到这一点，就要在买房时就对此做提前的考量。

在买房之前，请专业的命理风水师做出分析，找出与命理喜用神对应的天干与地支的方位，这样才能在选房时考察要设置餐厅的位置是否能正好落在喜用神的方位。如果是已经买好的房子，只能按照户型进行合理规划，尽量使餐厅的位置符合风水格局的要求。

如果餐厅的位置正好是主人的命理忌神方位，每天坐在忌神方用餐，自然会对自身的运气产生不利影响，这时就要运用本书前面第一章第三节讲过的风水方法，运用五行布置来进行化解。比如命理的忌神是金五行，而餐厅因为户型的原因，只能设在家宅的西方位，西方位五行属金，明显对自己不利，怎么办？

可以在餐厅一角摆放小型鱼缸，以水五行来化解西方金气，化解忌神对自己产生的不利。或者在餐桌中间，摆放一个花瓶，装半瓶水，栽上四支或五支富贵竹，形成金——水——木连续相生的风水气场，把忌神的金气，通过水木两个五行，最终转化到对宅主有利的木五行上，既起到美化环境的作用，更把风水的不利化于无形。

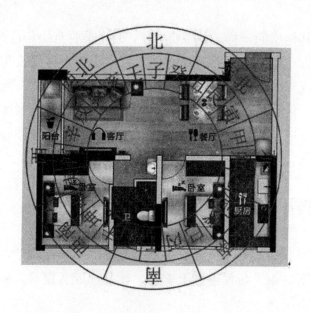

（家居二十四山十天干十二地支五行卦气图。

大门在东北位，纳入艮土之气。

餐厅在丑、艮位，具丑土、艮土之气。

客厅在西北乾卦位，具戌土、乾金之气。

主卧在西南，具坤土、申金、庚金之气。

次卧在东南，具巽木、巳火、丙火之气。

厕所在南方午、丁位，压住午、丁之火。

厨房在东南，压住乙木、辰土之气。

在家居风水当中，大门、客厅、餐厅、卧室，此四者，纳入命理喜用之气为吉，其中尤其以大门最为重要。如果家居大门既临命理喜用方位，又是三元风水的当元旺向位，再有外环境的玄武朱雀青龙白虎格局匹配，定成巨富之家。

厕所、厨房，压住命理忌神为吉，如果压住命理喜用神，必定霉运连绵。）

二、餐厅格局要方正

餐厅和其他房间一样，格局要方正，最好不要有缺角或凸出的角落。

通常方方正正的空间格局寓意做人堂堂正正，再摆放几株小巧玲珑的绿色植物或一盆花卉，这样就形成了一个时尚、个性、高雅的餐厅。

如果餐厅内有墙柱尖角、空间狭窄等情况，则进出餐厅很不舒服，影响到就餐心情，胃口也会受到影响，长此以往，对身体健康不利，运气也难以兴旺。

三、餐厅布置宜简洁

餐厅相对家居其他场所，更要求空气流畅和干净整洁，简洁大方是最主要的原则。如果布置得过于繁杂、凌乱，或者摆放太多的装饰品，会使家运变得阻塞。

餐厅内的家具主要是餐桌、餐椅和餐饮柜等，它们摆放的位置以及装饰，应该方便人们的走动与使用。

第二节　餐厅的三种设计风格

现代家庭中，餐厅正日益成为重要的活动场所，能有一间设备完善、装饰考究的餐厅，一定会使居室增色不少。

首先要在餐厅的结构上掌握好整体格局。餐厅和其他房间不同，可以有以下几种空间布置选择。

一、独立式餐厅

一般认为这是最理想的格局。

居家餐厅的要求是便捷卫生，安静舒适，光线柔和，色彩素雅。墙壁上可适当挂些风景画、装饰画等。

需要注意餐桌、椅、柜的摆放与布置须与餐厅的空间相结合，如方形和圆形餐厅，可选用圆形或方形餐桌，居中放置；狭长的餐厅可在靠墙或窗一边放一长餐桌，桌子另一侧摆上椅子，这样空间会显得大一些。

（独立的餐厅很少在中小户型家庭中出现，一般多在四房二厅的户型或者别墅房的设计中出现。）

二、通透式餐厅

所谓"通透",是指厨房与餐厅合并。

这种情况就餐时上菜快速简便,能充分利用空间,较为实用。

需要注意不能使厨房的烹饪活动受到干扰,也不能破坏进餐的气氛。要尽量使厨房和餐厅有自然的隔断或使餐桌布置远离厨具,餐桌上方的照明灯具应该突出一种隐形的分隔感。

（把餐厅与厨房合并在一起,两者中间以橱柜做自然的隔断。

因为餐厅与厨房空间相通,所以整个空间都能从餐厅的窗户得到充分的采光。）

三、共用式餐厅

小户型住房采用客厅或门厅兼做餐厅的形式。

在这种格局下,餐区的位置以邻接厨房并靠近客厅最为适当,它可以缩短膳食供应和就座进餐的走动线路,同时也可避免菜汤、食物弄脏地板。

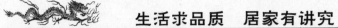 
　　餐厅与客厅之间可灵活处理，如用壁式家具做闭合式分隔，用屏风做半开放式的分隔，用玻璃推拉门分隔等，但需要注意与客厅在格调上保持协调统一，并且不妨碍通行。

　　（一房一厅的小户型住宅，因为没有专门的餐厅空间，所以往往在客厅与过道之间设置餐厅。

　　可以把厨房设计成玻璃做的推拉门，而在厨房外的过道上设置一个小巧迷你的餐厅。）

第三节　不利家运的餐厅格局

餐厅是家人享受美食的地方，若设置不当，会影响到家人的食欲，从而影响身心健康。那么，在哪些位置设置餐厅会产生不利影响呢。

一、餐厅正对卫浴间

若餐厅与卫浴间相对，从生理和心理感觉受来说，来自卫浴间的异味会严重影响家人进餐时的愉快心情。如果此时有人如厕，难免尴尬。因此如果可能的话，最好在二者设置隔断，此外，注重卫浴间的卫生和随手关门也是非常必要的。

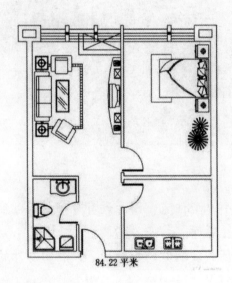

84.22平米

（进大门后，一边是卫生间，一边是厨房，这是非常不好的一种风水格局，主家人财运差，身体弱而易生病。

买房时，应尽量避免购买这类户型。）

二、餐厅位于卫浴间下方

在跃层的住宅内，餐厅不适合设置在二层卫浴间的正下方。

卫浴间有较重的秽气和湿气，加上排水时噪声比较大，位于餐厅正上方的话，不利于健康进餐，非常影响家运。

三、餐厅设在楼梯下面

为了充分利用空间或打造别样情调，有些跃层式的住宅中，主人会把餐桌设置在楼梯下。这样的安排并不可取，因为楼梯下的空间往往比较狭小，而且也不太方正，在这样的环境下就餐，时间一长会让人感觉非常压抑，影响就餐时的情绪和消化功能，不利于身心健康，最好把餐桌设置在开阔一些的空间里。

（如果学一点基本的格局风水，就不会出现把餐厅安置在楼梯下的衰运设计。）

四、餐厅门正对大门

如果大门正对餐厅门，气场直冲，在风水上主肠胃方面易出现意外的疾病。

五、餐厅位于命理忌神方位

前面四点讲的都是餐厅风水的格局，是风水中的基本格局，这些不利的格局会对宅主的运气产生很不好的影响。

而命理的忌神方位，是风水中的理气部分，体现的是相同格局的住宅对不同命理的人产生的不同影响，这是从表面、从格局看不出来的。同样一个符合风水格局的设计，对某个人起到助旺运气的效果，但对另一个人可能起到衰减运气的效果，这种情况，只有通过命理五行喜忌分析、或者卦理五行喜忌分析，才能推导出来。

通过对一个人命理八字的分析，才能找出对宅主最不利的五行干支。比如宅主的八字组合中，甲木为忌神，那么家宅的正东甲木方位气场会对宅主产生严重的不利影响，这时如果餐厅设置在正东甲木方位，每天进餐时都会受到甲木忌神对自己运气的削减，所以知道了自己的命理忌神是什么五行干支，那么就要避免把餐厅、客厅、卧室设在忌神方位，宅主人休息、吃饭、睡觉、学习的位置，都要避免处在这些忌神方位。

第四节　餐厅装修要注意的要点

在餐厅装修布局上，还要注意很多细节方面的问题，比如餐桌大小要和家居人数相匹配，餐桌椅的风格与色彩要与整体装修风格相匹配，等等。

一、避免混搭不伦不类

时下正流行混搭风格，两种不同风格糅合出的独有的味道，是追求个性的年轻人的最爱。但要避免多种风格混搭，看似简单的混搭设计里还包含设计技巧，不知其中的精髓，很容易混搭变成了混乱，反而把餐厅装修得不伦不类。

（华丽中体现传统风韵的混搭风格。

欧式的天池吊顶，配上中式孔明灯造型的水晶灯，这是造型与材料的一种混搭；餐厅与客厅之间以玻璃屏风进行透明的隔断，古典的屏风与现代玻璃材质混搭，使屏风既体现传统格调又具备现代时尚气息；客厅与餐厅的桌椅采用神秘的黑色，和大理石地面、天棚的明亮的浅黄形成对比，整体营造出一种神秘而高贵的环境气场。）

（让人眼花缭乱的混搭餐厅设计。

颜色过多的搭配非常容易给人带来眩晕的感觉。

在一天紧张的工作之后，回到家里最重要的是放松身心，舒缓情绪，而过于复杂的混搭风格会让人的视觉神经处于紧张状态，所以即使采用混搭风格，也最好以简洁、明快为设计原则。）

二、餐桌椅形态要稳固

餐桌椅一定要讲究"四平八稳"，形状或方或圆，给人以整体安定的感觉。

现在的年轻人喜欢标新立异，所以创意家具大受欢迎，但是创意也不能离开稳定感。

在餐厅设计中，有些年轻人甚至用摇椅作为餐椅，在不稳定的情况下用餐，会影响消化吸收，也代表家居财运的波动不稳。餐桌也如此，凹凸不平或奇形怪状的餐桌虽然有个性，但会混乱气场，影响家人的运气。

（家居小户型餐厅。
椅子的形态有点单薄，代表事业与财运不太稳固。）

（餐厅桌椅采用实木材料，形状方正。体现稳固与大方，展现事业、
财运与亲情关系的稳定状况。）

三、忌用蓝色设计餐厅

传统的蓝色常常成为现代装饰设计中热带风情的体现，但不宜用在餐厅，毕竟蓝色的环境总是不如暖色环境能增进食欲。

同时，不要在餐厅内装欧式的烛形白炽灯，虽然烛形灯有独特的欧式风格，但更适合客厅而不是餐厅，因为在中国的传统当中，白烛灯是办丧事的时候才使用的。如果非常喜欢烛形灯，那么烛形的灯光，以淡黄色的为好。

（蓝白色系的餐厅，给家居营造出清冷的感觉，大多数情况下，会对进餐者的食欲产生不利影响。

北方地区，春秋冬季气温较低，不宜采用这种色彩来装饰；命理五行金水为忌神的人，采用这种冷色彩会令自己的运气变差。

但凡事都有两面。

如果居家处在南方地区，日照多，气候炎热，可以考虑采用这种冷色来增加居室的清凉感。

另外，白、蓝两色搭配，白色五行属金，蓝色属水，形成金水相生的气场，对于命理八字当中水五行为喜用神的人非常适合，可以增加金水五行的力量，提升运势。）

四、吊灯不宜太高或太低

层高较低的餐厅不宜装大型吊灯，吊灯过大或太低都会对餐桌形成强烈的压迫感，主事业与财运受阻。

吊灯太高会也会产生不利，会令人感到头顶空虚，出现空旷感。

五、忌用过多的射灯

家装的射灯多是照射家中的墙壁或展示品，起到光影的美感效果，但如果用到了餐厅，并且射灯光线照向餐桌，容易令人产生眩晕的感觉。

如果射灯照向餐厅墙壁，并且数量不多，倒是可以起到一些烘托气氛的作用，如果射灯过多，形成过大面积的明暗光影，会使视觉所及的范围显得光线杂乱，容易使人精神疲惫。

（餐厅的墙壁采用了两面射灯，营造出明暗对比的光影效果。

在实际生活中，只有经济条件较好、并且注重情调的人家才会采用这种烘托家庭氛围的设计。

一些经济条件普通的人家，在家中的餐厅、客厅、或者卧室安装了几种烘托气氛的灯具之后，发现灯光营造的气氛虽好，但在交电费时会有点心痛，所以会改变灯光的使用策略，只在节假日或者想要调节心境时才开启这类灯光。）

六、餐厅忌用马赛克

马赛克一般用在洗手间，给人一种干净整洁感，但要是用在餐厅的话，就会给人一种怪异的感觉。

一般用在洗手间墙壁、厨房地面的马赛克瓷砖，已经被赋了这类固定的场所标签。

在一个铺有马赛克的餐厅用餐，总让人边吃边联想起洗手间，这就是习惯与标签的影响力。这类装饰总给人带来特定指向的联想，从而影响人的心理，进而影响人运气。

（用马赛克做餐厅墙面的装饰，确实只有重口味的人才能接受。大概有一些人会特别喜欢那种在卫生间里用餐的奇异感觉。）

七、餐厅忌用地毯

　　地毯一般用于客厅或卧室，可以让人充分体验家居的放松与舒适感，但用于餐厅却非常不合适，因为地毯不耐脏且不易清洗，而餐厅的菜汤饭粒掉到地毯上也很难处理干净，给居家生活带来不便。

　　（在餐厅的地面上铺地毯，不得不说是一种全家都很爱劳动的体现。
　　因为餐厅往往与厨房相邻，接触油烟较多，而且做饭菜时，厨房地面容易洒水，来回于厨房与餐厅时，难免沾湿地毯，并且饭菜的汤汁也很容易污染地毯，清洁起来非常麻烦。）

八、不宜使用镜面地砖

　　光滑、明亮、洁净、倒影，这是镜面地砖的特色。如果用在合适的场合，比如宽敞的家居大客厅或者公司的大堂，镜面地砖能塑造出华丽

的效果，但用在餐厅却并不适合。因为餐厅需要经常用水清洗，如果使用镜面地砖的话，会让地面变得湿滑，不利于老人与孩童用餐时的安全。

第五节　餐厅的色彩与照明

色彩与照明是富有感情且充满变化的，犹如阳光给人的心灵带来温暖、乐观、愉悦的感觉。

有选择性地搭配使用合适的颜色与灯光，会让餐厅从积极的层面影响一家人的运势。

一、宜用暖色调

餐厅的设计，一般采用亮色的装潢和明亮的照明。

亮丽的颜色可以带来活泼的气氛，促进食欲，增添用餐的乐趣。

餐厅环境的颜色因个人爱好和性格不同而有较大差异，但总的说来，餐厅色彩宜以明朗轻快的色调为主，最适合用的是橙色以及相近的色系。这类色彩都有刺激食欲的功效，它们不仅能给人以温馨感，而且能提高进餐者的兴致。

（在乳白色洁净、清凉的背景中，餐桌、餐椅搭配的红色给餐厅增添了亮丽、暖意与活力。）

整体色彩搭配时，还应注意地面色调宜稍深一些，墙面可用中间色调，天花板色调则宜浅，以增加整体的稳重感。

在不同的时间、季节及心理状态下，人们对色彩的感受会有所变化，这时，可利用灯光来调节室内的色彩气氛，以达到开胃进食的目的。

家具颜色较深时，可通过清新明快的乳白、淡绿、红白相间的台布来衬托。桌面再配以白色的餐具，则更具活力。

一个人进餐时，往往显得乏味，这时使用红色桌布就可以添加一点热闹的气氛，消除孤独感。

二、光线柔和

照明光线对调节家居氛围非常有帮助，柔和的光线能使家人的情绪得到有效的舒缓，营造出和谐的家庭。

餐厅的灯光当然不止一个局部，如果是经济条件较好的人家，还可以设计相关的辅助灯光，起到烘托就餐环境的作用。

较为柔和的灯光可以增加用餐环境的温馨气氛，强化家庭成员之间的感情交流。

吃饭时使用低亮度灯光会感觉浪漫而舒适。

圆形吊灯与圆形餐桌相对，淡雅的灯罩与淡雅的桌布相对，一切都显得协调、自然、舒适。

（圆形的餐桌配上圆形的吊顶灯，再加上一旁的实木酒柜，营造出温馨和谐的家庭气氛。）

　　如果餐厅设有吧台或酒柜，还可以利用轨道灯或嵌入式顶灯加以照明，以突出气氛。

　　在用玻璃柜展示精致的餐具、茶具及艺术品时，若在柜内装小射灯或小顶灯，能使整个玻璃柜玲珑剔透，美不胜收。

　　（厨房采用玻璃推拉门，门以左右滑动的方式开关，与平开门相比，推拉门节省了厨房与餐厅的空间；餐厅紧邻厨房，摆放饭菜时非常方便。

　　餐桌、贴墙设计的储物酒柜，顶部以多个吊顶灯烘托氛围。

　　这样的设计非常适合二房或三房的户型。）

第六节　餐厅灯具的选择与搭配

　　餐厅灯具的布置讲究烘托一种其乐融融的进餐氛围，既要让整个空

间有一定的亮度，又需要有局部的照明作点缀。

因此，餐厅灯具的选择应以餐桌为重心确立一个主光源，再搭配一些辅助性的灯光为好。

灯具的造型、大小、颜色、材质，应根据餐厅的大小、家具与周围环境的风格作相应的搭配。

一、灯具的选择

吊灯、壁灯、吸顶灯、筒灯，这些都可作为餐厅灯的选择。

一般餐厅的层高若较低，宜选择筒灯或吸顶灯作主光源。

如果餐厅空间狭小，餐桌又靠墙，那就不必选择吊灯作主光源了，可以借助壁灯与筒灯光线的巧妙配搭来获得照明的需要，处理得当的话，一点也不比吊灯的美化效果弱。

餐厅如果足够宽敞，宜选择吊灯作主光源，再配上壁灯作辅助光是最理想的布光方式。比如，将低悬的吊灯与天花板上的镶嵌灯结合，在满足空间基础照明前提下，还可以对餐桌进行局部照明。

吊灯的组合形式多样，有单盏、三个一排、多个小灯嵌在玻璃板上的，还有由多个灯球排列而成的，体积大小各异。

（餐厅吊灯。

六个葫芦状的吊灯，以高低错落的方式悬挂，再与餐桌上的绿色插花相配，使家居中显现一丝野趣。）

（餐厅壁灯。

　　壁灯其实很难在小户型当中起到特别美观的效果。只有在大户型宽敞的空间当中，壁灯才最能体现它对环境的烘托作用。）

（餐厅吸顶灯。

　　对普通家庭来说，因为从经济方面的考虑，绝大多数人家会采用简装修，所以，吸顶灯其实是普通老百姓最多选用的灯具。）

（餐厅筒灯。

悬挂的筒灯有多种材料和样式，有金属外壳的、有磨砂玻璃外壳的、有中式仿羊皮灯，等等。

筒灯会使餐厅展现一种时尚的动感，所以深受追求浪漫情怀的年轻人喜欢。）

在选择餐厅吊灯时，就要根据餐桌的尺寸来确定灯具的大小。

餐桌较长，宜选用一排由多个小吊灯组成的款式，而且每个小灯都分别由开关控制，这样就可以依用餐需要开启相应的吊灯盏数了。

如果是折叠式餐桌，那就可以选择可伸缩的不锈钢圆形吊灯来随时依需要扩大光照空间。

单盏吊灯或风铃形的吊灯就比较适合与方形餐桌或圆形餐桌搭配了。

餐厅灯具在满足基本照明的同时，更注重的是营造一种进餐的情调，烘托温馨、浪漫的居家氛围，因此，应尽量选择暖色调、可以调节亮度的灯源，而不要为了省电，一味选择如阳光灯般泛着冰冷白光的节能灯。

二、灯具与餐厅风格的搭配

餐厅灯具的材质、色彩、造型，须与家具及整体空间的装潢设计风格相协调。

纯玻璃、线条简洁的现代风格餐桌，最好与以玻璃、不锈钢做灯罩的吊灯搭配。

（三个圆球形玻璃吊灯与玻璃的餐桌搭配。

这种餐厅灯具与餐桌搭配的形式，最适合一房一厅或者八十平以下的二房一厅。

这类小户型，因为客厅与餐厅的面积不大，所以，采用玻璃制品既

可以因为造型简洁而节省空间，又可以因为材料便宜而节省钱财。

从风水的角度来讲，乾为圆，所以圆球形的玻璃灯属于乾卦，具有金五行的属性。

如果一位普通职员，想要升职从事管理工作，这种圆球形的灯能增加乾卦的力量，从而促进官运。如果主人命理八字当中土五行过多为忌，也可以通过圆形的乾金力量来化泄。如果家居户型西北方位缺角，也可以通过在餐厅安装这类圆球形的挂灯来增加乾卦的力量，以弥补缺角造成的乾卦卦气不足。

总之，风水运用之妙，存乎一心，在掌握基本原理的情况下，可以灵活应用，在家居布置中大显身手，把风水旺运化煞的功能自然而然地融于家居装饰之中。）

如果是木质的餐桌，则可以选择以羊皮纸、仿大理石或木质与磨砂玻璃材质结合的吊灯。

开放式餐厅，往往与客厅或厨房连为一体，因此，选择的灯具款式就要考虑到与之相连的房间装饰风格，或现代、或古典、或中式、或欧式。

如果是独立式餐厅，那灯具的选择、组合方式就可随心所欲了，只要配合家具的整体风格便可。

总之，不同的灯具，因结构及安装位置的不同，会呈现出不同的光影效果，在灯的搭配上就需依个人的饮食习惯及餐桌、椅子、餐具等摆放的实际情况来主次分明地选用灯具，表现出丰富的层次感。

三、灯具的安装

餐厅里如果选用吊灯作主光源，那么就要根据房间的层高、餐桌的高度、餐厅的大小来确定吊灯的悬挂高度。

大多数吊灯的悬垂铁丝是固定的，只能在安装前调节好长短。如果想适时地调整吊灯高度，还可以选择具有随意升降装置的灯具。

要注意的是，可升降吊灯的悬垂线最好是能把不用的那一段收藏起来，而不是垂在外面，毕竟如果一段不用的绳索垂在棚顶之下有"悬梁"的不好喻意，总会让人心里不舒服。

（餐厅的球形吊灯。

　　餐厅的两面实体墙，一面以四个六边形做成高低错落的展示框，一面做成储物酒柜，充分地利用了墙体空间。）

　　吊灯的款式繁多，有的三个小灯并排为一组，有的如风铃般错落有致，有的独自一盏别具风味，有的多个小灯球相互簇拥，不同的款式迎合了不同人的喜好。

　　但有些款式在好看之余，却存在着安全隐患。比如，由多个球形玻璃灯罩排列而成的吊灯，如果是不规则排列，很有可能会因一时疏忽忘了关窗，当大风刮进家里时，风会把灯球吹得相互碰撞而引起灯罩破碎。因此，由多个灯球组成的吊灯，就应该像前面图片所示的三个玻璃球吊灯一样，在安装时就要让它们错位开来，即使摆动也不致于相互碰撞。

四、灯具的保养

餐厅如果与厨房相连，就要注意经常用布擦拭一下餐厅里的吊灯或壁灯。因为厨房里的抽油烟机不可能完全排走炒菜时的油烟，时间一长，油烟必定会积聚在灯罩上，影响美观与灯光效果，也会影响家人的运气。

一些造型精致或嵌片形的灯罩就更容易积尘了，如不定期清理，灯具就会生锈、掉漆，既不美观，也影响使用寿命。

清洁灯具，要确保在关闭电源的情况下进行，一般只需用带有清洁剂的湿抹布擦几遍外罩就可以了。

第七节 餐厅家具与餐具的选择

餐厅家具主要是餐桌、餐椅和酒柜等，在布置时，应巧妙配合，才不会出现凌乱感。

餐桌、餐椅也有许多需要注意的风水问题，能影响家人的身体健康和家庭和谐，因此千万要多多留心。

一、餐桌、餐椅

餐厅必不可少的餐桌、餐椅，其大小应与餐厅的总体面积及环境相适应。

面积大就选宽大气派的，面积小就选玲珑精致的。

摆放的位置要选择较长的围合的墙边，使人感觉有依靠，可以气定神闲地用餐。

此外，必须留出一个足够宽的过道通往厨房，便于在厨房与餐厅之间传菜、摆放餐具。

1. 形状

中国的传统宇宙观是"天圆地方"，因此日常用具大多以圆形及方形为主，传统的餐桌便是典型的例子。

传统的餐桌形如满月，象征一家老少团圆，亲密无间，而且聚集人气，能够很好地烘托进食的气氛。

至于方形的餐桌，小的仅可坐四人，称为四仙桌；大的可坐八人，又称八仙桌。方正平稳，象征公平与稳重。

由于餐桌的形状会影响进餐时的气氛，所以木制的圆桌或正方形桌在家庭人口较少时适宜，而椭圆或长方桌在人口较多时适用。

2. 风格

要考虑是否与整体家居风格相协调。

如果整个家居的风格较正统，宜选用线条流畅、转角较为柔和的木质餐桌。

如果是简约抽象的现代风格，可考虑玻璃台面或者不规则形状的款式。

餐桌的形状对家居的氛围也有影响。

长方形的餐桌更适用于较大型的聚会，非常实用；而围坐在圆形餐桌边吃饭会令人感觉温馨。

三角形、半月形等不规则桌面，可倚在墙角，非常节省空间，但只适合人口少的家庭使用。因为尖角角度越小越尖锐，餐桌若带有尖角，稍不注意，便会令家人的健康受损，所以要慎用。其实不规则的形状最好是不用。

3. 材料

餐厅中的餐桌选择木质的材料为好，实木的餐桌，带有自然的气息，没有化学产品所含有害物质。

大理石与玻璃等桌面较为坚硬、冰冷，艺术感较强。

玻璃餐桌可以用在餐厅，但大理石桌一般不宜用在家居的餐厅当

中。

大理石的材料多用在地面、厨房的厨台、洗手间的洗手池等处，原因是，大理石虽然易于清洁，但过于冰凉，过多接触的话，会吸收人体的热量，如果作为桌椅的话，长时间的使用会对身体健康不利。

4. 尺寸

（1）圆桌

在一般中小户型的住宅，如果用直径为 1200 毫米的餐桌，就显得有点大了，可定做一张直径 1140 毫米的圆桌，周围可坐 8 人，空间看起来较宽敞。

如果用直径 900 毫米左右的餐桌，虽可坐多人，但不宜摆放过多的固定椅子。可放 4—6 张椅子。人多时，再添加折椅。

（2）方桌

760 毫米×760 毫米的方桌和 1070 毫米×760 毫米的长方形桌是常用的餐桌尺寸。

如果椅子可伸进桌底，即便是很小的角落，也可以放一张六座位的餐桌。用餐时，只需把椅子拉出一些就可以了。

760 毫米的餐桌宽度是标准尺寸，至少也不宜小于 700 毫米，否则，对坐时会因餐桌太窄而互相碰脚。

餐桌的高度一般为 710 毫米，配以 415 毫米高度的座椅。

（3）开合桌

开合桌又称伸展式餐桌，可由一张 900 毫米方桌或直径 1050 毫米圆桌变成 1350—1700 毫米的长桌或椭圆桌（有各种尺寸），很适合客人多时使用。

这种餐桌要留意它的机械构造，展开时应顺滑平稳，收合时应方便对准闭合。

（圆形开合折叠桌。

这种桌子可以开合变形折叠。）

（方形开合折叠桌。

这种桌子有折叠的功能，一般是钢木混合结构，也有使用人造板的材料，但人造板的质量明显不如钢木结构耐用。

这种桌子因为能折叠、利于运输，所以对于经常在一个城市当中搬家的打工者、租房客最为适用。）

（4）餐椅

餐椅座位高如 430—480 毫米，会比较舒服。

座椅太高或太低，吃饭会不舒服。

有些餐椅做 50 毫米的软垫，下面还有弹簧，吃饭却比不上前述的椅子来得舒服。

二、餐厅储物柜、酒柜

对不少家庭来说，酒柜是餐厅一道不可缺少的风景线，它陈列的不同美酒，可令餐厅平添华丽色彩。

酒柜大多采用镜子来做背板，镜子会令酒柜中的美酒及水晶酒杯显得更加明亮通透。

在面积较大的餐厅，常常要招待来客的家庭可以建一座小吧台来代替酒柜，使居家的餐厅另有一翻情调。

（普通的二房一厅，厨房和餐厅之间用镂空的酒柜做隔断，酒柜以玻璃做面板，既保证没有窗的餐厅可以通过厨房窗子采光，又可以摆酒装饰餐厅。

美中不足的是，餐厅墙壁用方块瓷砖做墙面，给人洗手间的感觉。

另外，普通家庭实在没有必要在餐厅当中安排酒柜，因为既然要安放酒柜，一是户型足够大，至少有专门的餐厅空间，并且餐厅空间较大，有足够的位置安放酒柜，再者，既然是酒柜，自然要摆放一些高档酒，摆了自然就要经常饮用，所以，也要经济条件非常好、并且喜欢饮酒的人家才能让酒柜真正发挥作用。）

（大户型的住宅，厨房、餐厅的空间都较大，可以在餐厅门外两侧墙壁设计安装酒柜，也可以把墙体向内掏空一半，节省一些空间，做内嵌式酒柜。）

三、餐具可调节进餐心情

选择适合自己家居氛围的餐具时，应注意的是餐具的风格要和餐厅的设计相得益彰。

一套既实用又美观的餐具，和餐厅的设计配合起来，就如同画龙点睛一样为餐厅增色，让家人进餐时有一个愉快的心情。

下面把一些餐具的类型介绍一下，大家在选择时可以用做参考。

1．实用型

随着现代都市人生活节奏的加快，人们对餐具的要求也相应提高，越来越重视实用功能。

这类餐具着重突出自身的功能性，并以"使用为主、装饰为辅"的原则进行设计，简洁的造型颇受一些工作繁忙的消费者喜爱，尤其是白领阶层。

（实用型餐具。

菜盘、饭碗、汤盆、汤匙、汤料碟、牙签筒、烟灰缸等。）

2. 艺术型

综合考虑产品、操作模式和材料使用这三个方面，使整套餐具能和使用者建立起一种心灵上的交流。

餐具以陶瓷材质最为常用，传统的青花瓷更是餐具当中的精品。我们可以根据个人的喜好来选择适合自家餐厅装饰的图案与花色。

（中国传统的青花瓷餐具。

青花瓷餐具配上红木家具，能给居家带来一种古典的雅致。）

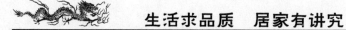 
（有一些艺术型餐具更注重优美的造型与色彩，一般以整套餐具表现一个主题。）

3. 家庭型

这类餐具，在颜色设计上很有特点，能与不同色调的家居环境相适应，年轻的夫妇可以选购一套色彩明快的餐具，它可以给你的生活增添一份温馨和浪漫。

（卡通形象的儿童餐具。

可爱的卡通形象最受儿童喜欢，选择一套小孩子喜欢的儿童餐具，能为餐厅带来快乐的童趣。）

4. 个性化

随着生活水准的提高，人们对生活情趣的追求更趋多样化、个性化。不同消费者需要不同风格的产品，能够满足所有人需要的餐具是不存在的。

一些餐具在设计和造型上颜色对比强烈，很有时代感，而且形态独特，颇有些另类的味道，这些类型会适合追求个性的青年人使用。

（唯美个性化的玻璃餐具。

个性化、唯美，是时尚男女最喜欢的情调。）

（浪漫烛台。

如果想在情人节、生日、纪念日与情侣进行浪漫的晚餐，那么在餐桌上摆放一个小烛台，粉红色的烛光就可以营造出温馨、甜蜜的氛围。）

5. 自然型

　　崇尚自然、回归自然在家居餐厅装修装饰中已成为一种潮流和风尚，而餐具的"自然化"又使家居餐厅多出许多别样的风情。

　　自然餐具多是自然材质和自然物的集合，有玻璃材料的贝壳平碟，用贝壳材料制成的贝壳勺、花朵碟、珊瑚果盘，玻璃材料的花朵碗，黄瓜型橄榄架，用自然椰壳材料制作的椰壳烛台，用铝合金镀银材料制成的银叶小碟，用铁、钢材料制成的铁制扭纹刀叉等，都能表现生活中回归自然的家居气息。

（环保的木制餐具，能给家居带来回归自然的气息。）

（珊瑚果盘。

通常制做果盘的材质为不锈钢、塑料，有各种各样的造型与色彩可以选择。

五颜六色的水果与时尚造型的果盘搭配，使餐厅展现出活泼、自然的气息。）

四、为餐厅增色的桌布

其实在近些年的装饰当中，大多数一房一厅、二房、三房的普通家庭，已经很少使用桌布了，原因是工作太过繁忙，使用桌布的话，还要费时费力洗涤。

但是，如果会搭配的话，一块四四方方简单的桌布，就能给餐厅带来不一样的感观，而且并不会增加多少家务。

有创意、图案清新、亮丽、简单、与整体装修风格相谐调，这就是选择桌布的要点。

就像俗话说好马配好鞍，餐桌布也可以成为点缀美食必不可少的一个装饰。

不同款式的餐桌布能够衬托出不同的氛围，给人以温馨舒适的感觉。

1. 碎花桌布营造温馨

这类桌布上通常有许多亲近自然的图案，如花朵、树叶等，展现出桌布绚丽多姿的面孔。

碎花桌布很适合在家庭中使用，在餐桌上将碎花桌布随意铺开，别有一番风情。

（以花草为图案的桌布，给小家的餐厅带来清新飘逸的气息，再搭配一盆大叶观觉植物，餐厅就充满了勃勃生机。）

2．个性风格眼前一亮

　　如今，许多人的家居都以冷色调装饰为主，家具也多注重简洁，而若能在餐桌上铺上多彩的桌布，可为平淡的家居增添一抹亮丽。喜庆的红色、灿烂的橙色和橙黄色，鲜艳的桌布色彩让家居鲜活不少，令人眼前一亮。

　　（桌布选用类似豹纹的斑点图案，在整体洁白素雅的餐厅中增加了一些野性的动感。）

3．素雅桌布点缀浪漫

　　很多人钟情于素雅的桌布，如红丝绒配以纯白镂空纱，简洁中透出一丝浪漫。

（素雅的格子桌布。

　　厨房和餐厅在装修时采用了清新、素雅的风格，而色彩淡淡的格子桌布与这种风格非常相配，整体上展现出清静、优雅的感觉。）

第八节　餐厅的植物与装饰画

一、餐厅植物的选择

　　健康、茂盛的植物是气的汇集物，可以将生生不息的能量带进家里。

　　因餐厅受各方面条件限制，如光照、湿度、通风条件、餐厅面积等，选择植物时首先要考虑哪些植物能够在你的餐厅环境里找到生存空间。

　　一般餐厅可选用的植物有两种，一种是在不用餐时可以摆在餐厅上

的花瓶鲜花，另一种就是摆在地上的花盆大叶观赏植物。当然，总体原则是，因地制宜，植物的摆放不能影响就餐和进出餐厅。

1. 适宜摆在餐桌上的花

餐桌上可以摆放水培花，或者以花瓶插花，总体以占用面积小、易于挪动的为好。不用餐时，把花摆在餐桌正中，用餐时可以暂时挪到他处。

（适合于摆在餐桌上的水培玫瑰花。）

2. 适合摆在餐厅地面的植物

考虑到你能为植物付出的劳动限度有多大。如果你是公务繁忙的人，而养一盆需要精心料理的植物，结果一定会大失所望。可选择生命力较强的植物，如虎尾兰、常春藤、佛肚树、万年青、竹节秋海棠、虎耳草等，有利于增强你的运势。

（虎尾兰）

（万年青）

3．植物大小比例适度

植物要与餐厅内空间高度及宽度成比例，过大、过小都会影响美感。

一般来说，餐厅内绿化面积最好不要超过餐厅面积的 10%，这样室内才有一种开阔感，否则过多的植物会让人感觉空间被压缩，十分拥挤。

4．植物色彩与餐厅环境相和谐

一般来说最好用对比的手法。

比如餐厅的整体背影风格为浅色调，可以选择亮丽的花卉；餐厅的背景为亮丽的色调，可以选择素雅的花卉。

这种风格上的对比，更能突出花卉与植物对环境的点缀；起到画龙点睛的作用。

5．根据主人性格特点选择植物

兼顾植物的性格特征，让植物的气质与主人的性格和餐厅内气氛相互协调。

蕨类植物的羽状叶给人亲切感；铁海棠则展现出钢硬多刺的茎干，使人避而远之；竹造型体现坚忍不拔的性格；兰花有居静芳香、高风脱俗的性格，可选择使用。

（铁海棠）

6. 注意避开有害品种

丁香久闻会引起烦闷气喘，影响记忆力。

夜来香夜间排出废气，使高血压、心脏病患者感到郁闷。

郁金香含毒碱，连续接触两个小时以上会头昏。

含羞草有毒碱，经常接触会引起毛发脱落。

在布置餐厅绿化植物时要特别注意，避免在室内栽种这类植物。

（郁金香含有毒碱，所以花虽美丽，但只适合摆放在通风良好的客厅或阳台，并且只宜观赏，不宜触摸。）

二、餐厅装饰画的选择宜忌

在餐厅内装饰轻松明快、淡雅柔和的油画，配合欧式的餐厅风格，会带给您愉悦的进餐心情。

如果是中式的餐厅，搭配传统的字画最为适宜。

符合整体风格的画作，无论是与质感硬朗的实木餐桌还是现代通透的玻璃餐桌搭配，都能营造出清爽怡人、胃口大开的氛围。

1. 餐厅宜挂的装饰画

餐厅最好选择可以为进餐提供和谐气氛的图画。如水果蔬菜的写生画、欢宴场景或意境悠闲的风景画等，而各种仿真的鲜果装饰也有着同样的效果。

此外，餐厅的装饰画最好摆放在餐桌附近的墙上，抬头就能看到。

需要注意的是，餐厅装饰画不宜过多，一般面积大些的一幅，小件的一般挂两三幅就可以了。

（以水果、食物图画作餐厅装饰画。

精美的蔬果图画可以引起人们的食欲，给进餐带来好心情。）

2. 餐厅不宜挂的装饰画

那些意境萧条的图画、气氛阴暗凶险的装饰画不能悬挂在餐厅内，比如落叶萧瑟、夕阳残照、孤身上路、隆冬荒野、枯藤老树、恶兽相搏、惊涛骇浪等类型。

这类装饰画要么显得家道凋零，要么寓意前途凶险无靠，要么画风恐怖黑暗，不仅影响食欲和消化，还会影响家运。